Sitzungsberichte der Heidelberger Akademie der Wissenschaften
Mathematisch-naturwissenschaftliche Klasse

Die Jahrgänge bis 1921 einschließlich erschienen im Verlag von Carl Winter, Universitätsbuchhandlung in Heidelberg, die Jahrgänge 1922–1933 im Verlag Walter de Gruyter & Co. in Berlin, die Jahrgänge 1934–1944 bei der Weißschen Universitätsbuchhandlung in Heidelberg. 1945, 1946 und 1947 sind keine Sitzungsberichte erschienen.
Ab Jahrgang 1948 erscheinen die „Sitzungsberichte" im Springer-Verlag.

Sitzungsberichte der Heidelberger Akademie der Wissenschaften
Mathematisch-naturwissenschaftliche Klasse
Jahrgang 1979/80, 4. Abhandlung

Kommission für Geochronologie und Kommission
für Radiometrische Altersbestimmungen an Wasser und
Sedimenten der Heidelberger Akademie der Wissenschaften

Geophysik in Heidelberg

Eine Darstellung der Arbeitsgebiete und bisherigen Ergebnisse Heidelberger Institute zur Geophysik

Herausgegeben von T. Kirsten

Mit 19 Abbildungen

(Vorgelegt in der Sitzung vom 17. Juli 1979)

Springer-Verlag Berlin Heidelberg New York 1980

Professor Dr. rer. nat. Till Kirsten
Max-Planck-Institut für Kernphysik
Saupfercheckweg, 6900 Heidelberg

ISBN-13: 978-3-540-09902-4   e-ISBN-13: 978-3-642-46420-1
DOI: 10.1007/978-3-642-46420-1

Beltz Offsetdruck, Hemsbach/Bergstraße
2125/3140-543210

Vorwort

Der Titel des Berichtes mag Erstaunen bei jenen Lesern hervorrufen, die wissen, daß es in Heidelberg weder an der Universität noch in Max-Planck-Instituten ein Institut für Geophysik gibt; und dies ist durchaus beabsichtigt. In den letzten zwei Jahrzehnten hat sich weltweit eine Vielzahl von interdisziplinären Arbeitsgebieten entwickelt, die sich sowohl von der Methodik als auch vom Objekt her einer trivialen Zuordnung zu einer der klassischen Naturwissenschaften entziehen, da sie fach- oder objektübergreifend sind. Primär bedingt ist dies in unserer Beurteilung

1. durch die große diagnostische Bedeutung von Isotopieuntersuchungen und
2. durch die Erschließung des Planetensystems für experimentelle Untersuchungen.

Isotopie verbindet methodisch Physik, Physikalische Chemie und, wenn auch die Anwendungen bedacht werden, Geologie und Mineralogie. Auch die Brücke zu den Geisteswissenschaften wird, über die Archäometrie, geschlagen. Die Erweiterung unseres „irdischen Horizonts" auf das gesamte Planetensystem verbindet Physik, Astronomie, Astrophysik, Chemie und Geologie. Neue Begriffe wurden geprägt: *Planetologie, Weltraumforschung, Kosmochemie, Kosmophysik, Isotopengeologie, Geochronologie, Archäometrie, Kosmische Mineralogie.* Allen gemeinsam ist, daß sie sich einer „klassischen" Zuordnungsdefinition entziehen und gegeneinander kaum abzugrenzen sind. Dies ist unserer Überzeugung nach ein Zeichen der Vitalität, die Unbestimmtheit kann aber auch zur Zersplitterung oder Heimatlosigkeit führen, mit allen praktischen Konsequenzen.

Wie sollen alle diese Arbeitsrichtungen subsumiert werden? Wir glauben, daß dies am natürlichsten unter dem bisher noch nicht genannten Begriff der Geophysik erfolgen kann. Die Geophysik ist selbst eine kaum einhundertjährige moderne Wissenschaft, der das eigene Ringen um Anerkennung als „klassisches Fach" noch so latent bewußt ist, daß sie neuen Entwicklungen gegenüber per se aufgeschlossen ist. Dies bedeutet, daß sie sich über die klassischen Disziplinen, wie reine und angewandte spezielle Geophysik, Meteorologie und Hydrologie hinaus, öffnen kann für die Isotopengeophysik, Planetologie und Kosmochemie. Im angelsächsischen Raum ist diese Erweiterung praktisch realisiert, und die Geophysik versteht sich als „Earth and Space Sciences". Im nicht-angelsächsischen Raum wäre es u. E. zweckmäßig, dieses nachzuvollziehen. Alle Seiten würden davon profitieren: neue Impulse einerseits, Ende der „Heimatlosigkeit" andererseits.

Auch begrifflich ist dagegen nichts einzuwenden, wenn man in Erinnerung ruft, daß $\gamma\eta$ nicht schlichtweg „Erde", sondern den (erfaßbaren) „Erdkreis" bezeichnet.

In Heidelberg haben sich in den letzten 20 Jahren gleich an mehreren unabhängigen Instituten solche interdisziplinären Arbeitsrichtungen entwickelt und wir glauben, daß dies in solcher Vielfalt nirgends sonst in Deutschland der Fall ist. Die Heidelberger Akademie der Wissenschaften hat diese Bestrebungen nachhaltig gefördert, insbesondere durch ihre Kommission für Geochronologie und für Radiometrische Altersbestimmungen an Wasser und Sedimenten. Daraus schien uns die Verpflichtung zu erwachsen, einmal institutsübergreifend an die Öffentlichkeit zu treten, und wir glauben, dies am besten durch eine Darstellung unserer bisherigen und geplanten Arbeiten in diesem Kommissionsbericht tun zu können.

Wenn die Schrift darüber hinaus junge Naturwissenschaftler für diese Disziplin erwärmen kann, hätte sie einen weiteren Zweck erfüllt. Deshalb ist auch ein Verzeichnis des einschlägigen Lehrangebots an der Universität Heidelberg beigefügt.

Die Beiträge stammen aus dem Institut für Umweltphysik der Universität Heidelberg (IUP), dem Forschungsvorhaben Altersbestimmung an Wasser und Sedimenten, Heidelberger Akademie der Wissenschaften (Ak.), dem Laboratorium für Geochronologie der Universität Heidelberg (LG), und dem Max-Planck-Institut für Kernphysik, Heidelberg (MPI).

Die Anordnung erfolgte objektbezogen in der Reihenfolge

I.	Ozeane und Binnengewässer	(IUP, Ak.)
II.	Feste Erde	(LG, MPI)
III.	Atmosphäre	(IUP, MPI, Ak.)
IV.	Planetensystem	(MPI)
V.	Sonne	(MPI)

Heidelberg, im Juli 1979   T. Kirsten

Inhaltsverzeichnis

I. Ozeane und Binnengewässer

A. Ozeanographie (IUP, W. Roether)

Grundsätzliche Fragestellungen

Unsere ozeanographischen Untersuchungen haben das Ziel, Bewegungs- und Vermischungsvorgänge im Ozean zu quantifizieren. Methodisch werden hierfür Beobachtungen der Verteilung von Radionukliden und anderen Spurenstoffen im Innern des Ozeans eingesetzt. Die Stoffe liegen in gelöster Form vor, so daß sie die Bewegungen des Wassers vollständig nachvollziehen. Bei den radioaktiven Spurenstoffen steht das Eindringen in das Innere des Ozeans in Konkurrenz zum radioaktiven Zerfall. Deshalb besteht ein Konzentrationsabfall ins Innere, aus dem sich Zeitinformation darüber gewinnen läßt, wie sich das Wasser im Innern von der entsprechenden Randzone aus erneuert. Ähnlich wie der radioaktive Zerfall läßt sich bei überwiegend anthropogenen Stoffen die explizite Zeitabhängigkeit ihrer Zufuhr zum Ozean nutzen.

Die Spurenstoffuntersuchungen ergänzen die Methoden der physikalischen Ozeanographie in folgender Weise: Die klassische Ozeanographie kann aus den Verteilungen von Salzgehalt und Temperatur über die sogenannte dynamische Methode die Horizontalkomponenten des Geschwindigkeitsfeldes im Ozean berechnen. Demgegenüber lassen sich aus Spurenstoffdaten *Vertikaltransporte* ableiten: Viele der Stoffe werden großflächig aus der Atmosphäre zugeführt, so daß ihre weitere Ausbreitung im wesentlichen ein Vorrücken in die Tiefe ist. Ein wichtiges Beispiel hierzu ist die Bestimmung eines weltweiten Mittelwertes der Erneuerungszeit des Tiefenwassers aufgrund der ozeanischen Verteilung des natürlichen Kohlenstoff-14. Die moderne physikalische Ozeanographie arbeitet weitgehend mit in Raum und Zeit maximal zweidimensionalen Messungen von Temperatur, Salzgehalt und Strömungsgeschwindigkeit. Beispiele hierfür sind hochauflösende in-situ Vertikalprofilmessungen der drei genannten Größen, verankerte Geschwindigkeits- und Temperatur-Meßketten und Driftkörper, wobei die maximale Meßzeit für die beiden letztgenannten Systeme größenordnungsmäßig 1 Jahr beträgt; Driftkörper zeichnen eine (einzige) Stromlinie des Geschwindigkeitsfeldes auf (sogenannte Lagrangesche Messung von $\vec{u}$), im Gegensatz zur ortsfesten (sogenannten Eulerschen) Messung durch verankerte Instrumente. Aus diesen Messungen werden die physikalischen

Prozesse abgeleitet, die für die Bewegungsabläufe im Ozean von Bedeutung sind. Gemessene ozeanische Spurenstoffverteilungen sind demgegenüber grundsätzlich dreidimensional. Sie entsprechen einer zeitlich integrierten Lagrangeschen Messung des Strömungsfeldes, zudem i.a. über Raum- und Zeitskalen integriert, die so groß sind, daß sie der direkten physikalischen Messung nicht mehr zugänglich sind. Die physikalischen Prozesse selbst bleiben dabei unspezifiert, die Spurenstoffverteilungen sind vielmehr eine integrale Antwort auf *alle* ablaufenden Prozesse. (Die Verteilungen von Temperatur und Salzgehalt selbst gehören zur gleichen Klasse von Beobachtungswerten.) Eines der Ziele, zu dem die Spurenstoffdaten beitragen können, ist die Erstellung von numerischen Simulationsmodellen des Ozeans, mit denen u.a. die Rolle des Ozeans bei möglichen anthropogenen Klimaänderungen in der Zukunft bestimmt werden soll.

Von den Anwendungen her gesehen können die gemessenen Spurenstoffverteilungen, da sie eben das Resultat *aller* Bewegungsabläufe sind, unmittelbar zur Vorhersage von Verteilungen anderer, nicht zuletzt anthropogener Stoffe, herangezogen werden. Dieser Gesichtspunkt bezieht sich auf den Ozean als Umweltmedium, beispielsweise auf seine Eigenschaft als wichtigste Senke für atmosphärisches Überschuß-CO_2 aus der Verbrennung fossiler Energieträger.

Die wichtigsten Heidelberger Arbeitsgebiete sind der Nordatlantik einschließlich Nordmeer, das Mittelmeer und neuerdings auch das Rote Meer. Die Untersuchungen beziehen sich ganz überwiegend auf ozeanischen Transport in *gelöster* Form. Für viele Stoffe (z.B. Spurenmetalle) ist Sedimentation aus der Wassersäule in an Schwebstoffe gebundener Form ein dominanter Transportprozeß. Solche Prozesse müssen für einzelne der untersuchten Spurenstoffe als Korrektur berücksichtigt werden (z.B. für Kohlenstoff-14).

Ein ganz unabhängiges Projekt sind Messungen des Gasaustausches Atmosphäre-Ozean unter Verwendung des Defizits von Radon-222 in der ozeanischen Deckschicht gegenüber radioaktivem Gleichgewicht mit dem im Meerwasser gelösten Radium-226 in dieser Schicht. Die Radon-Methode ist derzeit für Gasaustauschbestimmungen auf See annähernd konkurrenzlos, in gewissem Umfang kann allerdings auch, methodisch ganz ähnlich, das Nuklidpaar Tritium/Helium-3 (vgl. Beitrag I D) eingesetzt werden. Eine Kenntnis der genauen Gasaustauschraten ist ebenfalls für das CO_2-Problem relevant. Unsere Feldmessungen stehen im Zusammenhang mit den Gasaustauschmessungen des Instituts im Windkanal (Beitrag III B).

Alle Untersuchungen erfolgen in wissenschaftlichem Kontakt mit Fach-Ozeanographen, teilweise auch von ausländischen Instituten.

Experimentelles Vorgehen

Die Arbeiten des Instituts beschäftigen sich sowohl mit der Gewinnung von ozeanischen Spurenstoff-Beobachtungsdaten als auch mit ihrer Interpretation.

Die wichtigsten untersuchten Spurenstoffe sind die Nuklide Tritium, Helium-3, Kohlenstoff-13/14, Krypton-85, Radon-222 und Radium-226; außerdem wurden orientierende Freon-Messungen durchgeführt.

Parallel hierzu werden in jedem Fall die klassischen Größen Temperatur und Salzgehalt und häufig zusätzlich Sauerstoffgehalt und Nährstoffe (Silikat, Phosphat, Nitrat, CO_2-System) gemessen. Auf mehreren ozeanographischen Expeditionen hauptsächlich des Forschungsschiffes „Meteor" wurden Probennahmen für die genannten Größen durchgeführt. Vorbereitung und Durchführung dieser Expeditionen sind, nicht zuletzt auch gemessen an der Infrastruktur des Instituts, sehr aufwendig. Probennahmen erfolgen auf vorbestimmten Positionen, in bis zu rund 50 Tiefenabstufungen i.a. bis zum Meeresboden. Für Kohlenstoff-14 und Krypton-85 werden spezielle, großvolumige Wasserschöpfer (270 l Inhalt) eingesetzt. Für diese Nuklide und Kohlenstoff-13 ist eine Probenaufbereitung an Bord nötig, die eigentlichen Nuklidmessungen erfolgen im Heimatlabor. Für alle genannten Radionuklide wurden wichtige Beiträge zur Meßtechnik geleistet. Ozeanische Krypton-85-Messungen wurden in Heidelberg erstmalig durchgeführt. Es zeigt sich, daß für ozeanographische Anwendungen generell die jeweils höchste überhaupt erreichbare Meßgenauigkeit wünschenswert ist, da die Meßeffekte häufig sehr klein sind. Ein Extremfall ist hier Kohlenstoff-14 mit ±0,15% erreichter Genauigkeit. Alle Radionuklide werden mit Gaszählerapparaturen gemessen, die stabilen Nuklide Helium-3 und Kohlenstoff-13 massenspektrometrisch. Die sehr schwierigen Helium-3-Messungen können mit der erforderlichen Genauigkeit bisher nicht in Heidelberg durchgeführt werden. Für die Gasaustauschmessungen wurde ein automatisch arbeitendes Radon-Meßverfahren entwickelt, das eine bisher unerreichte Meßgenauigkeit (± 1% erzielbar je nach Zählstatistik) aufweist. Unsere Arbeiten werden weitgehend von der Deutschen Forschungsgemeinschaft finanziell getragen.

Ergebnisse

Abb. 1 zeigt gemessene Tritium-Vertikalprofile im Nordatlantik. Abb. 1a und c geben Profile östlich des Mittelatlantischen Rückens wieder. Die Konzentrationen fallen bis in 2000 m Tiefe auf sehr geringe Konzentrationen und dann bis in maximal 3000 m Tiefe auf nicht-nachweisbare Werte ab. Die etwas höheren Konzentrationen zwischen 2000 und 3000 m in Abb. 1c sind der höheren Breite und dem späteren Zeitpunkt der Probennahme zuzuschreiben. Das beobachtete Tritium stammt von den atmosphärischen Kernwaffenversuchen. Tritium in der Tiefe zeigt deshalb an, in welchem Ausmaß innerhalb der letzten etwa 20 Jahre Wasser von der Meeresoberfläche in den entsprechenden Tiefenhorizont überführt worden ist. Die Stationen in Abb. 1b, westlich des Mittelatlantischen Rückens, zeigen stark variable, nicht-verschwindende Tri-

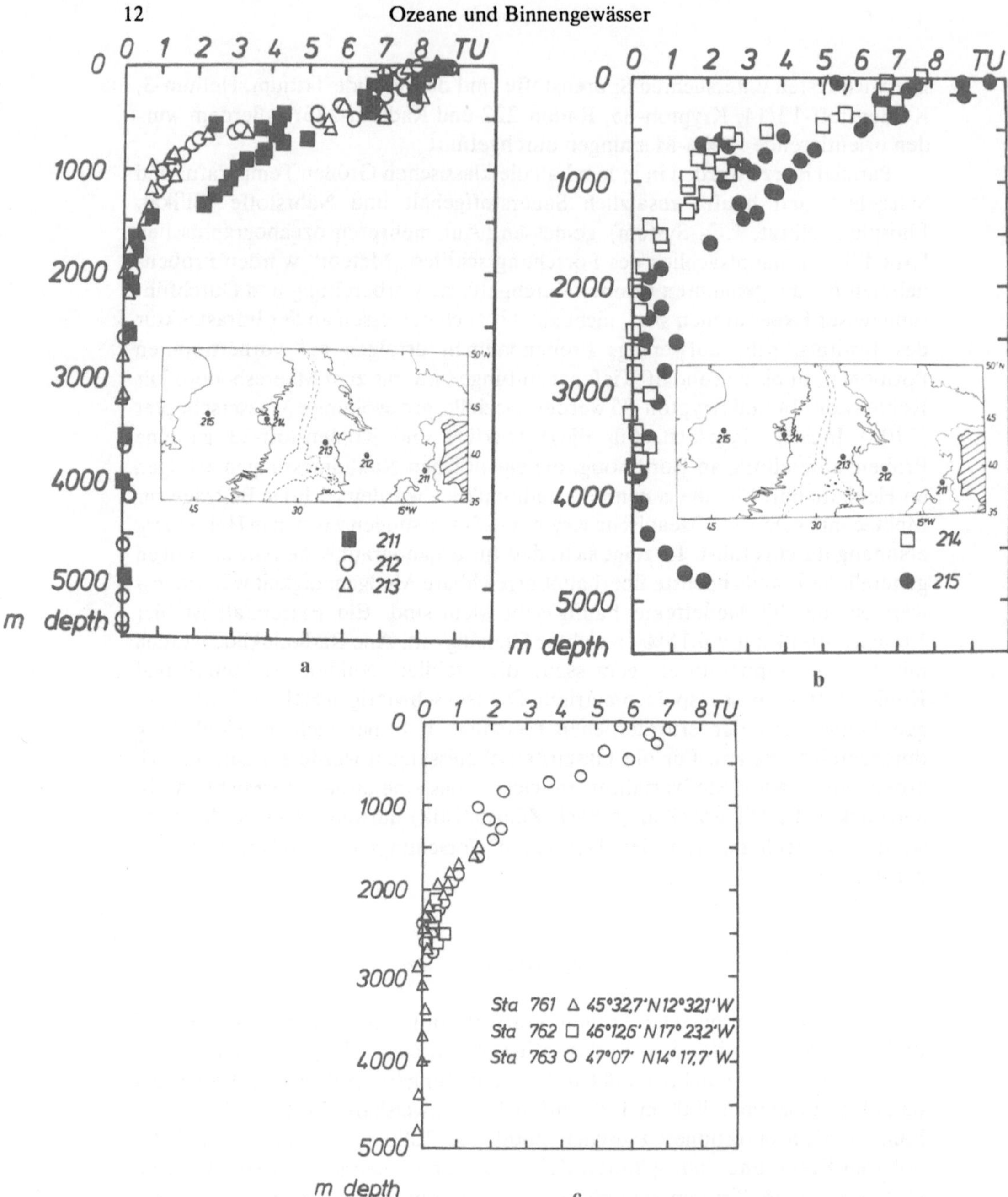

Abb. 1 a–c. Tritium-Tiefenprofile im Nordatlantik. **(a)** und **(b)** Ost-Westschnitt in ca. 40°N, Juni 1971 „Meteor"-Reise Nr. 23; Sta 211: 38.5°N, 11.5°W; Sta 212: 39.9°N, 18.8°W; Sta 213: 41.2°N, 26.0°W; Sta 214: 42.8°N, 34.4°W; Sta 215: 43.8°N, 42.9°W. **(c)** „Knorr"-Reise Nr. 54, April 1976

tiumkonzentrationen bis zum Meeresboden. Die Variabilität rührt daher, daß sich Horizonte unterschiedlichen Tritiumgehaltes übereinanderschichten. Es ist klar, daß die Tritiumzufuhr in diesen Fällen seitlich (vermutlich auf Horizonten konstanter Dichte) erfolgen muß.

Die Tritiumkonzentrationen im Oberflächenwasser des Nordatlantik sind seit 1965 um rund einen Faktor 3 abgefallen. Aus diesen und entsprechenden Strontium-90 Daten wurde abgeleitet, wie schnell im Mittel nordatlantisches Oberflächenwasser in größere Tiefen überführt wird. Umgerechnet auf die Aufnahme von Überschuß-CO_2 in den Nordatlantik ergibt sich eine mittlere effektive Eindringtiefe dieses CO_2 von etwa 900 m. Für diese Berechnungen, und im Hinblick auf Ausbreitungsrechnungen von Tritium im Ozean allgemein, wurden die ozeanischen Tritiumzufuhren zu allen großen Ozeanen seit Beginn der atmosphärischen Kernwaffenversuche spezifiziert.

Aus Kohlenstoff-14-Messungen wurde abgeleitet, daß sich das Tiefenwasser des östlichen Karibischen Beckens rund viermal schneller erneuert, als aus physikalisch-ozeanographischen Messungen abgeschätzt worden war. Ähnlich rasche Erneuerung des Wassers wurde seither von anderer Seite auch in anderen isolierten Tiefseebecken nachgewiesen.

Unsere Mittelmeer-Arbeiten konzentrieren sich auf die Untersuchung der großskaligen Vertikalkonvektion. Bisher konnte die aus physikalisch-ozeanographischen Daten abgeleitete Tiefenwassererneuerungszeit im westlichen Mittelmeer (Balearisches Becken) bestätigt werden und es konnte gezeigt werden, daß beim Ausstromvorgang von Mittelmeerwasser in den Nordatlantik durch die Straße von Gibralter Wasser aus Tiefenschichten in mindestens doppelter Schwellentiefe wesentlich beteiligt ist. In Zusammenarbeit mit der Woods Hole Oceanographic Institution, USA, werden Ausbreitungs- und Vermischungsvorgänge in der Tiefenwasserschicht des Nordost-Atlantik untersucht, auf der sich das zuströmende Mittelmeerwasser ausbreitet (mittlere Tiefe ca. 1000 m). Die Arbeiten im Roten Meer beschäftigen sich ebenfalls mit der Wassererneuerung mittlerer und großer Tiefen durch Oberflächenwasser. Daneben wird der Wasseraustausch zwischen dem Tiefenwasser und den dort vorhandenen Tiefseesolen untersucht. Diese Arbeiten stehen im Zusammenhang mit Plänen, die im Bereich der Tiefseesolen vorhandenen Erzschlämme zu fördern.

Gasaustauschmessungen mit der Radon-Methode im nördlichen und im äquatorialen Atlantik und mit der Helium-Methode im Mittelmeer beweisen erstmalig einen starken Anstieg des Gasaustauschs mit der Windstärke auch auf See. Der sich jetzt abzeichnende Verlauf dieser Abhängigkeit ist verträglich mit dem globalen Mittelwert des Gasaustauschs, den man aus Kohlenstoff-14-Bilanzüberlegungen abgeleitet hat. Ähnlich wie bei Windkanalmessungen beginnt der rasche Anstieg dort, wo man die Wasseroberfläche nicht mehr als aerodynamisch glatt ansehen kann.

Ausblick

Ein Schwerpunkt der nächsten Jahre wird die Auswertung unserer zahlreichen Mittelmeerdaten sein. Ziel ist es hierbei, ein vollständiges, quantitatives Modell der großräumigen Vertikalzirkulation des Mittelmeeres zu erstellen. Ein solches Modell kann dann dazu dienen, die großskalige Ausbreitung u. a. von Schadstoffen im Mittelmeer vorherzusagen. Das Mittelmeer ist ferner physikalisch interessant als ein Meeresgebiet mit sehr schwach strukturiertem Tiefenwasser und als Modellregion für die Tiefenwasserneubildung des Weltmeeres. Darüber hinaus soll versucht werden, Spurenstoffdaten einzubringen in dynamische numerische Transportmodelle des Ozeans (ähnlich der numerischen Wettervorhersage), die gegenwärtig von anderen Arbeitsgruppen entwickelt werden.

Feldarbeiten werden sich auf das Nordmeer und die Gebiete der subarktischen Vertikalkonvektion des Nordatlantik konzentrieren. Die in diesen Gebieten ablaufenden Tiefenwasser-Neubildungsprozesse liefern einen Großteil des Tiefenwassers im globalen Maßstab. In einem größeren Projekt im Frühjahr 1981 soll ferner die Tiefenwasserzirkulation des Nordatlantik östlich des Mittelatlantischen Rückens untersucht werden. Feldmessungen des Gasaustauschs mit der Radon-Methode sollen weitergeführt werden mit dem Ziel, eine fundierte Parametrisierung des Gasaustausches Atmosphäre-Ozean zu erstellen.

Einschlägige Arbeiten

Roether und Weiss (1975)
Ribbat, Roether und Münnich (1976)
Dreisigacker und Roether (1978)
Roether (1978) (1979a), (1979b)
Roether und Kromer (1978)
Roether und Weiss (1978)
Weiss, Roether und Dreisigacker (1979b)

B. Sedimente im Ozean und in Binnengewässern (Ak., A. Mangini)

Die absolute Datierung von Sedimentkernen gibt der im Sediment gespeicherten klimatischen und geologischen Information und den dort stattfindenden geochemischen Prozessen einen zeitlichen Bezug. Die Datierung erfolgt mit Hilfe von radioaktiven „Uhren", wie die bekannte C^{14}-Methode. Zur Datierung von Zeitabschnitten, die die C^{14}-Methode nicht erfaßt, wenden wir seit 1973 die Th^{230}-(Ionium) und die Pa^{231}-Methoden (bis zu 300 000 Jahren vor heute) und die Pb^{210}- und Cs^{137}-Methode (für die letzten 100 Jahre) an.

Wir haben seitdem Tiefseesedimente aus dem Pazifik, dem Mittelmeer und von vor Westafrika, die auf den deutschen Forschungsexpeditionen („Meteor", „Valdivia") gezogen wurden, sowie Sedimente vom Bodensee und der Nordsee datiert.

Das Ziel dieser Untersuchungen ist zweifach: Zum ersten sollen Sedimentationsraten ermittelt werden, um Einzelheiten über die Geschichte der Becken zu erfahren. Bei den extrem langsam akkumulierenden Tiefseesedimenten (cm/ 1000 Jahre) gilt es vor allem, die klimatische Abfolge im Spätquartär zu identifizieren, um eine weltweite Korrelation der Kerne zu ermöglichen. Bei den viel jüngeren limnischen Sedimenten, die mehr als 100mal schneller deponiert werden (> mm/Jahr), sind die letzten 100 Jahre, die wir gut auflösen können, von Interesse, weil dort die parallel zur Industrialisierung verlaufende verstärkte Belastung der Umwelt mit u. a. Schwermetallen und Pestiziden deutlich verfolgt werden kann.

Zum anderen sollen die, meist in den oberen Sedimentlagen stattfindenden zeitabhängigen diagenetischen Prozesse, wie Oxidation von organischem Material, Abgabe von Radium aus den Sedimenten sowie Depositionsraten von Schwermetallen aus der Wassersäule beschrieben werden.

Die Th^{230}-, Pa^{231}- und Pb^{210}-Methoden basieren auf radioaktiven Ungleichgewichten in den Zerfallsreihen von natürlichem, in Wasser gelöstem Uran bzw. Radium. Bevorzugte Adsorption von Th, Pa und Pb an den absinkenden Partikeln (Verweilzeiten < 100 Jahre) verursacht ihre Abreicherung in der Wassersäule und ihre Anreicherung in den obersten Sedimentlagen (sogenannte Überschuß-Aktivitäten). Die Alter werden aus dem radioaktiven Zerfall dieser Überschuß-Aktivitäten mit der Tiefe im Sediment abgeleitet. Aus den Cs^{137}-Profilen können die Zeitmarken 1954 und 1963 abgeleitet werden, die dem verstärkten Auftreten und dem Maximum des Inputs an atmosphärischem Cs^{137} durch Atombombenversuche entsprechen.

Diese Methoden bringen jedoch eine viel größere Unsicherheit mit sich als die C^{14}-Datierung. Die zeitliche Information kann nur mit einem viel größeren Aufwand, im Durchschnitt 10 bis 20 Proben/Sedimentkern, gewonnen werden.

– Die Arbeiten werden von der Deutschen Forschungsgemeinschaft gefördert.

Pazifik

Die Th^{230}- und Pa^{231}-Datierungen an insgesamt 13 Kastengreifer- und Kolbenlot-Kernen, die zur Untersuchung von Manganknollen im Zentralpazifik gezogen wurden (Valdivia 08–1, 1974) ergaben extrem niedrige Sedimentationsraten im Bereich von mm/1000 Jahre. (Im Mittel 2 mm/1000 Jahre, in Übereinstimmung mit dem aus paläomagnetischen Daten ableitbaren zeitlichen Mittelwert der Sedimentationsrate über die letzte Jahrmillion.)

Kalkhaltige Sedimente weisen im allgemeinen höhere Raten als tonige auf. Diese Erhöhung kann man auf Verdünnung der Tone durch nicht vollständig aufgelöste Kalkschalenreste zurückführen. Wir fanden aber auch innerhalb von kleinen Arealen (Fläche 400 km²) beträchtliche örtliche Unterschiede der Sedimentationsrate, die wir horizontalem Materialtransport in Bodennähe zuschreiben. In Übereinstimmung mit dieser Interpretation finden wir, daß immer dort, wo wir aus der Ionium- bzw. Pa^{231}-Abnahme mit der Tiefe eine geringere Sedimantationsrate ableiten, auch insgesamt zu wenig Th^{230} vorhanden ist und umgekehrt. Gäbe es keinen horizontalen Transport von Sediment, dann müßte nämlich die Gesamtmenge Th^{230} im Sediment (standing crop) überall gleich sein, denn das Th^{230} leitet sich aus dem Zerfall des Urans im Wasser her.

Im Sediment ist im übrigen der Gehalt an organischem Material mit dem Th^{230}-Gehalt korreliert. Das organische Material nimmt durch Oxidation – analog dem radioaktiven Zerfall des Ioniums – im Sediment mit der Tiefe ab. Etwa 80% des ohnehin sehr niedrigen organischen Kohlenstoff-Gehaltes der Oberflächensedimente (0,4%) sind bis zu einer Tiefe von etwa einem Meter zerfallen, wo sich dann ein charakteristisches Verhältnis von $C_{org.}$/Aluminium einstellt. Möglicherweise bewahrt die Sorption an den Tonen den organischen Kohlenstoff vor vollständiger Oxidation. Die Halbwertszeiten für oxidierbaren $C_{org.}$ liegen zwischen 25 000 und 217 000 Jahren und sind direkt proportional zur 1.5ten Potenz der Sedimentationsrate. Eine ähnliche Beziehung liegt für anoxische Sedimente mit bis zu 3 Größenordnungen höheren Sedimentationsraten vor.

Während das Th^{230} im Sediment gut festgehalten wird, ist dies für sein Folgeprodukt, Ra^{226}, nicht in demselben Maße der Fall. Seine Mobilität in Verbindung mit der nicht allzu kleinen Halbwertszeit (1 600 Jahre) ist hinreichend groß, so daß merkliche Mengen an den Ozean wieder abgegeben werden (mehr als 99% des Radiums im Ozean stammt aus den Sedimenten). Radium ist ein nützlicher Radiotracer zur Bestimmung des Zeitablaufs des ozeanischen Wassertransports. Daher ist es wichtig, seine Quellstärke in den verschiedenen Bereichen des Weltmeeres genauer zu kennen. Aus dem Radiumdefizit (Radium γ-spektrometrisch gemessen) in den obersten 20 cm von 4 Sedimentkernen haben wir die Ra-Abgabe und eine effektive Diffusionskonstante (um 10^{-9} cm²/sec) ermittelt. Die Ra-Abgabe ist im wesentlichen der Sedimentationsrate umgekehrt proportional. Obwohl das Radium überwiegend an die festen Partikel des Sediments gebunden bleibt (Verteilungsfaktor 2 500), scheint der Einfluß der chemischen Zusammensetzung auf die effektive Diffusionskonstante relativ gering zu sein.

Mittelmeer

Bei den Mittelmeersedimenten ist die Akkumulationsrate um eine Zehnerpotenz höher als im Pazifik. Weil der spezifische Ioniumgehalt dementsprechend geringer ist, wurde eine neue Methode zur Anreicherung des Ioniums erprobt (Ablösung des auf den Sedimentpartikeln sitzenden Ioniums durch Ablaugen mit EDTA). Mittels der so gesteigerten Empfindlichkeit ließ sich nachweisen, daß sich die Sedimentationsrate auf dem Mittelmeerrücken in den vergangenen 100000 Jahren mindestens zweimal geändert hat: Die Raten betrugen etwa 6 cm/1000 Jahre während der letzten Eiszeit und ca. 1,8 cm/1000 Jahre in der Zwischeneiszeit davor. Das erklärt die bisherige Diskrepanz zwischen der Extrapolation von C^{14}-Daten (6 cm/1000 Jahre) und der Interpolation von paläomagnetischen Daten (2,4 cm/1000 Jahre). Die neuen Ionium-Daten

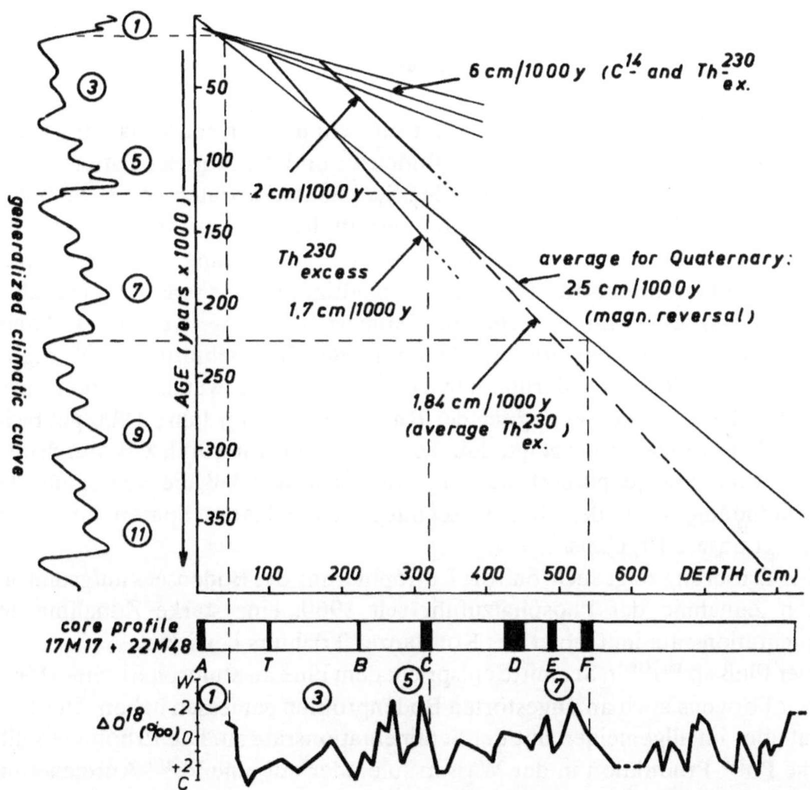

Abb. 2. Sedimentationsraten von spät-quartären Sedimenten vom Mittelmeerrücken (Ionisches Meer) – ^{14}C-, paläomagnetische- und Ionium-Methode. Datierung der Sapropellagen (bezeichnet mit A–F) und Korrelation der paläoklimatischen Daten (Δ ^{18}O) mit der Klimakurve von Emiliani

ermöglichen eine brauchbare Korrelation der paläoklimatischen Daten des östlichen Mittelmeeres mit der Klimakurve von EMILIANI (Abb. 2). Die Entstehungszeiten der sogenannten Sapropellagen (Schichten mit hohem – bis zu 12 Gewichtsprozenten – Gehalt an organischem Kohlenstoff) konnten genauer bestimmt werden. Die Sapropele sind offenbar während wärmerer Klimaperioden entstanden, als das östliche Mittelmeer – ähnlich wie das Schwarze Meer heute – stärker geschichtet war. Die Sedimentationsrate ergibt für die Sapropellagen einen Wert, der kleiner ist als die mittlere Sedimentationsrate, d. h. die Sedimentation war wohl während der Sapropelbildung verringert.

Für die Zukunft sind vor allem Untersuchungen an Sedimenten aus dem westlichen Mittelmeer, wo keine Sapropele vorkommen, vorgesehen. Die Datierung sollte erstmalig eine Korrelation zwischem dem östlichen und dem westlichen Becken ermöglichen.

Bodensee

In Zusammenarbeit mit dem Institut für Sedimentforschung haben wir mit Pb^{210} (und Cs^{137}) Sedimentkerne vom Bodensee und der Nordsee datiert.

An 6 Kernen vom Bodensee wurden Sedimentationsraten von 0,04-0,2 g/cm^2/J (entsprechend etwa 1–5 mm/J ermittelt. Wie erwartet nimmt die Sedimentationsrate von der Seemitte Richtung Flußmündung und Küsten stark zu. Die Sedimentationsrate ist bis zu 30% niedriger als aus sedimentologischen Befunden abgeleitet wurde, wobei als Zeitmarken eine weitverbreitete Sandschicht und alternativ eine geringe Änderung der durchschnittlichen Korngrößenverteilung (Median) in darüberliegenden Schichten verwendet wurden, die in Zusammenhang mit der Verlegung der Rheinmündung im Jahre 1900 gebracht wurden. Unsere Datierung zeigt, daß diese Schichten vor 1900, z. B. durch eine Überschwemmung, deponiert wurden. Die Tatsache, daß die Verlegung der Rheinmündung, zumindest in der Seemitte, keine klaren Spuren hinterließ, bekräftigt unsere Ergebnisse.

Die Datierung zeigt auch, daß die Eutrophierung des Bodensees aufgrund der starken Zunahme der Phosphatzufuhr seit 1960, eine starke Zunahme der Sedimentationsrate im Gebiet des Konstanzer Trichters bewirkte.

Der Fluß an Pb^{210} in Seemitte entspricht dem Fluß an atmosphärischem Pb^{210}, den wir übrigens auch an ungestörten Bodenprofilen gemessen haben. Der Fluß nimmt aber im allgemeinen mit der Sedimentationsrate zu. Die Erhöhung sollte auf die Pb^{210}-Produktion in der Wassersäule oder auf eine Pb^{210}-Anreicherung der Flußladung des Rheins zurückzuführen sein. Zur Zeit sind Untersuchungen im Gange, um diese Komponenten zu bestimmen. Sie sind von allgemeinem geochronologischem Interesse, da auch in anderen limnischen Systemen ein ähnlicher Befund vorliegt.

Einschlägige Arbeiten

Dominik und Mangini (1979)
Mangini und Sonntag (1977)
Müller und Mangini (1979)
Müller et al. (1979)
Emiliani (1978)

C. Isotopenhydrologie (Ak., C. Sonntag)

Überblick

Seit Ende der fünfziger Jahre beschäftigt sich das Institut für Umweltphysik (damals C-14-Laboratorium des II. Physikalischen Instituts) mit isotopenhydrologischen Untersuchungen. Zuerst standen C^{14}-Grundwasserdatierungen sowie Deuterium- und Sauerstoff-18-Analysen im Vordergrund. Dann folgten während der Internationalen Hydrologischen Dekade (1964–1974) Untersuchungen über die Ausbreitung kernwaffenerzeugten Tritiums im Wasserkreislauf: die räumliche und zeitliche Verteilung von Tritium in den Niederschlägen, das Eindringen bombentritiumhaltiger Niederschläge in die ungesättigte Bodenzone und schließlich ins Grundwasser sowie das Bomben-Tritium-Zeitverhalten im Abfluß (Bäche, Flüsse, Seen). Es hat sich gezeigt, daß das Bombentritium nach einer mittleren Aufenthaltsdauer in der Atmosphäre von ca. einem Jahr mit den Niederschlägen geschichtet in den Boden eindringt. Tritium-Tracerexperimente ergaben unter den hiesigen Niederschlagsverhältnissen auf den ersten Blick überraschend geringe Versickerungsgeschwindigkeiten von – je nach Bodenart – weniger als 1 Meter bis einige Meter pro Jahr. Es dauert also je nach Tiefe des Grundwasserspiegels einige Jahre bis über 10 Jahre, bis Tritium und im Bodenwasser gelöste Schadstoffe im Grundwasser erscheinen. Bombentritium-Vertikalprofile in flachen Grundwasserkörpern deuten darauf hin, daß die geschichtete Abwärtsbewegung in der gesättigten Bodenzone fortbesteht, allerdings unter weitaus größerer Dispersion. Die Deuterium- und Sauerstoff-18-Untersuchungen befaßten sich mit der Variation dieser schweren stabilen Isotope des Wassers (HDO, $H_2{}^{18}O$) im Luftwasserdampf, in Niederschlägen, sowie im Boden- und Grundwasser. Später wurden diese Isotope zur Bilanzierung von Seen herangezogen (Neusiedler See, Kainij-Stausee/Nigeria, Badeseen bei Weinheim).

Gegenwärtig befassen wir uns mit der Isotopendatierung (C^{14}-Altersbestimmung in Kombination mit Deuterium-, Sauerstoff-18-, Tritium- und C^{13}-Messungen) von pluvialen Saharawässern, mit der räumlichen Variation von D und O^{18} in rezenten europäischen Grundwässern („Kontinentaleffekt im Grundwasser") sowie mit einer hydrometeorologischen Untersuchung über den Isotopenaustausch zwischen Luftwasserdampf, Niederschlag und Bodenwasser. Auf dem Gebiet der Bombentritium-Hydrologie werden einfache mathematische Modelle zur Beschreibung des Bombentritium-Zeitverhaltens im Abfluß von Lysimetern, Quellen, Bächen und Flüssen erprobt. Diese Untersuchung stützt sich auf Datenreihen von Monatsproben seit etwa 1960.

Die isotopenhydrologischen Arbeiten werden teilweise von der Deutschen Forschungsgemeinschaft gefördert.

Saharawasser und Paläoklima

In den letzten Jahren wurden Isotopendatierungen an einigen hundert Grundwasserproben aus der ganzen Sahara einschließlich der im Süden angrenzenden Sahel-Zone durchgeführt. Ein Häufigkeitsdiagramm der C^{14}-Grundwasseralter (Abb. 3) weist mit einem breiten Häufigkeitsmaximum, das von tiefen, meist gespannten oder artesischen Wässern aus Sedimenten des Paläozoikums bis Oberkreide gebildet wird, auf eine längere humide Klimaphase zwischen mehr als 50000 Jahren bis 20000 Jahren vor heute hin (Großes Pluvial). In dieser Zeit empfing die Sahara Winterregen von der Westdrift in ausreichenden Mengen zur Grundwasserbildung.

· Der Westdrift-Einfluß zeigt sich in einem signifikanten West-Ost-Gefälle im D- und O^{18}-Gehalt dieser pluvialen Wässer, das dem als „Kontinentaleffekt" bekannten West/Ost-Gefälle in den Winterniederschlägen und rezenten Grundwässern West- und Mitteleuropas sehr ähnlich ist.

Unter Kontinentaleffekt wird folgender Sachverhalt verstanden:

Bei der Verdampfung und Kondensation von Wasser tritt Isotopentrennung auf, wobei die schweren Wassermoleküle HDO^{16} und H_2O^{18} gegenüber dem leichten H_2O^{16} bevorzugt in der flüssigen Phase verbleiben, bzw. in diese übergehen. Daher verarmen kontinenteinwärts getriebene, feuchte ozeanische Luftmassen infolge sukzessiven Ausregnens mehr und mehr an ihren stabilen Isotopen D und O^{18}, ihr Wasserdampf und daraus entstehender Niederschlag werden also kontinenteinwärts isotopisch immer leichter.

Ein Kontinentaleffekt in den saharischen Grundwässern setzt demnach voraus, daß das nordafrikanische Klimageschehen vergangener Feuchtphasen von Westwinden beherrscht wurde, die regenbringende atlantische Luftmassen weit ins Saharainnere getrieben haben.

Aus einer vergleichenden Modellanalyse der Kontinentaleffekte in den pluvialen Saharawässern und in rezenten europäischen Grundwässern konnten Rückschlüsse auf die räumliche Verteilung der Niederschläge über die Sahara während des großen Pluvials gezogen werden. Von Edelgasmessungen an Saharawässern erhoffen wir Information über die räumliche Variation der Luft- und Bodentemperatur in der Vergangenheit. Die Thermometer-Eigenschaft der Edelgase im Grundwasser rührt von der Temperaturabhängigkeit der physikali-

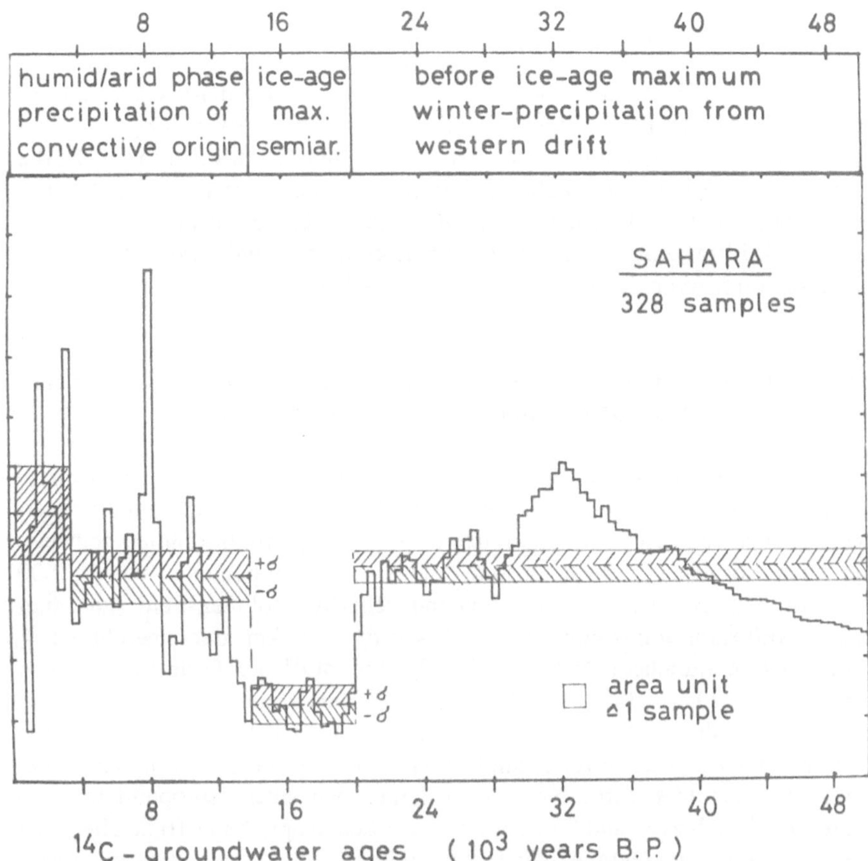

Abb. 3. Häufigkeitsverteilung der ^{14}C-Alter von Saharawässern (^{14}C-Anfangsgehalt 85% rezent, keine Karbonat- oder andere Alterskorrekturen). In dieser Verteilung entspricht der Beitrag einer Probe einem Rechteck von der Größe des Einheitsflächenelements. Seine Breite auf der Zeitachse ist ± sigma der Meßgenauigkeit. Bei geringer Genauigkeit (hohe Alter) entspricht eine Probe einem breiten, flachen Rechteck, bei hoher Genauigkeit (geringe Alter) einem schmalen und hohen Rechteck. Der ± δ-Bereich auf der Ordinate entspricht dem statistischen Fehler der Häufigkeitsverteilung in einzelnen Altersintervallen

schen Löslichkeit von Ar, Kr and Xe her. Die bei der Grundwasserbildung dem Bodenwasser aufgeprägte Edelgasmenge bleibt dann auch − unbeschadet geothermischer Aufheizung − über lange Zeiträume erhalten, wie Edelgasuntersuchungen in heißen Quellen gezeigt haben.

Besonders in der West- und Mittelsahara, weniger in der Ostsahara, finden sich hier und da flache Grundwässer in tertiären und quartären Sedimenten, deren C^{14}-Grundwasseralter zwischen 12000 und einigen tausend Jahren vor heute liegen. In der Zeitspanne zwischen 20 000 und 14 000 Jahren zeigt das Häufigkeitsdiagramm der Grundwasseralter ein signifikantes Minimum. In dieser Zeit des Höhepunktes der letzten Eiszeit war die Sahara semiarid oder sogar arid, auf jeden Fall aber war Grundwasserbildung stark reduziert.

Die aus den Isotopenuntersuchungen gewonnenen Grundwasseralter und die räumliche Verteilung der Paläoniederschläge sollen zusammen mit einer hydrogeologischen Bestandsaufnahme über die Größe der Grundwasserkörper und ihrer Infiltrationsgebiete zur Rekonstruktion der Bildungsgeschichte der Grundwasserreserven der Sahara eingesetzt werden.

Deuterium und Sauerstoff-18 als Isotopentracer des Wassertransports in der Atmosphäre, Kontinentaleffekt in D und O^{18}

Angeregt durch die Isotopenuntersuchungen der pluvialen Saharawässer wurden die lokalen Grundwässer West- und Mitteleuropas für D- und O^{18}-Analysen systematisch beprobt (Frankreich, Deutschland, Großbritannien, teilweise aber auch Norwegen, Schweden und Polen). Die Isotopendaten von ca. 600 Wasserproben ergeben ein überraschend scharfes Isolinien-Feld mit einer zonalen Auflösung von Isolinie zu Isolinie von $\sigma = \pm 50$ km oder ungefähr $\pm 2^0/_{00}$ in δD[1]. Diese räumliche Variation in δD und δO^{18} der Grundwässer zeigt dasselbe West-Ost-Gefälle wie δD und δO^{18} der Winterniederschläge. Das West-Ost-Gefälle von δD und δO^{18} der Sommerniederschläge ist demgegenüber bedeutend flacher, was beweist, daß Grundwasser überwiegend von Winterniederschlägen gebildet wird. Neuerdings haben wir auch Isotopendaten von Sommerniederschlägen und Grundwässern aus dem tropischen Afrika. Hier zeigt sich ein meridionales Gefälle in den schweren stabilen Isotopen, das die tropisch konvektive Herkunft dieser Wässer belegt.

Der Kontinentaleffekt läßt sich durch ein einfaches Rayleigh-Kondensationsmodell beschreiben, das die regenbringenden Luftmassen als abgeschlossene Systeme betrachtet, in denen Wasserdampf unter Gleichgewichtsisotopentrennung ständig kondensiert und ausgeregnet wird. Die räumliche Variation der prozentualen Ausregnungsrate pro 100 km Wegstrecke kontinenteinwärts wird in diesem Modell als proportional zur räumlichen Variation der Niederschläge angesetzt. Gegenwärtig versuchen wir, den Kontinentaleffekt in den rezenten europäischen Wässern und den fossilen Saharawässern durch ein allgemeines Wasserdampfmodell zu beschreiben, das die vertikale Verteilung von D und O^{18} im örtlichen Luftwasserdampf sowie den molekularen Austausch zwischen lokalem Regen und diesem Dampf berücksichtigt. Hier spielt auch der sogenannte Deuterium-Exzeß d als Tracer für die Herkunft des Wasserdampfes

---

1 D- und O^{18}-Gehalt werden üblicherweise als Promille-Abweichung δD bzw. δO^{18} vom Isotopengehalt des Standards SMOW (*S*tandard *M*ean *O*cean *W*ater) angegeben.

eine wichtige Rolle. Trägt man δD gegen δO^{18} auf, so liegen die meisten Wässer, z. B. die rezenten europäischen Grundwässer, in diesem $\delta D/\delta O^{18}$-Diagramm auf der sogenannten „Meteoric Water Line" (MWL) $\delta D = 8 \cdot \delta O^{18} + 10$, deren Geradensteigung 8 in etwa dem Verhältnis der Gleichgewichts-Isotopentrennung von D und O^{18} entspricht. Entgegen der Erwartung läuft die MWL aber nicht durch den Koordinatenursprung (repräsentiert Ozeanwasser-SMOW), sondern schneidet die δD-Achse bei d $= +10^0/_{00}$. Dieser Deuterium Exzeß wird auf eine zusätzliche kinetische Isotopentrennung bei der Verdampfung über dem Ozean zurückgeführt, die mit dem Feuchtedefizit der marinen Atmosphäre korreliert. Tatsächlich zeigen tropische Regen, die von Wasserdampf aus subtropischen Ozeangebieten mit dem dortigen höheren Feuchtedefizit (geringere Luftfeuchte als in den übrigen Ozeanbereichen) herrühren, einen höheren Deuterium-Exzeß von etwa $+15^0/_{00}$, Regen in Israel mit Wasserdampf aus dem östlichen Mittelmeerraum sogar bis $+30^0/_{00}$ und mehr. Demgegenüber zeigen die pluvialen Saharawässer einen D-Exzeß von nur etwa $+5^0/_{00}$, woraus auf höhere Luftfeuchte über dem Ozean in der Eiszeit geschlossen wurde.

Versickerung von Niederschlägen im Boden und Verdunstung

Aufbauend auf unseren früheren Tritium-Tracerexperimenten zur Versickerung von Niederschlägen im ungesättigten Boden, beschäftigen wir uns jetzt mit mathematischen Modellvorhersagen über den Anteil der Niederschläge, der in den Boden tief genug eindringt und schließlich Grundwasser bildet. In diesem Modell wird die geschichtete Bodenwasserbewegung wie ein chromatographischer Prozeß durch eine Serie von dünnen Bodenschichten (5 bis 10 cm dick) beschrieben, deren Bodenwasser – Haft- und Sickerwasser – gut durchmischt ist. Sickerwasserbewegung von einer Box in die nächstuntere usw. tritt dann ein, wenn die Bodenfeuchte einen bestimmten Maximalwert an Haftwasser (sog. Feldkapazität, abhängig von der Bodenart) überschreitet. Für die Modellvorhersagen werden anhand der täglichen Wetterdaten (Regenmenge, Temperatur, relative Luftfeuchte, Windvektor), die auf einem Datenträger gespeichert sind, zunächst Bilanzen zwischen Niederschlagsmenge und Verdunstungsverlust aufgestellt. Bei überwiegendem Niederschlag wird entweder ein eventuelles Haftwasserdefizit infolge vorheriger Austrocknung des Bodens wieder aufgefüllt oder es kommt gleich zu Infiltration in die Tiefe. Bei überwiegender Verdunstung, die einerseits von den meteorologischen Daten – hauptsächlich Temperatur- und Luftfeuchtedefizit – andererseits von Bodenart und Austrocknungsgrad bestimmt wird, kommt es nur zur Austrocknung infolge von Wasserdampf-Diffusion durch den oberen Boden in die Atmosphäre. Die in die Tiefe fortschreitende Austrocknung des Bodens bei fehlenden Niederschlägen läßt sich ebenfalls durch ein chromatographisches Modell, d. h. durch eine Serie von Boxen, beschreiben. Hier besteht ein Wasserdampf-Diffusionstransport von einer Box in die nächstobere, wenn der Wasserdampf-Partialdruck der oberen Box geringer ist, was bei geringen Bodenfeuchten in der Nähe des permanenten Welkepunkts der Fall ist.

Unsere bisherige Modellvorhersage über die örtliche Grundwasserspende für hiesige Sand- und Lehmböden stimmen mit den experimentellen Befunden nach der Tritium-Tracermethode überein. Entsprechende Untersuchungen unter anderen Klimabedingungen (Negev-Wüste, tropisches Nigeria) stehen bevor. Wir versprechen uns hiervon bessere Kenntnis über die Evapotranspiration bei unterschiedlichen Boden- und Klimaverhältnissen.

Hinsichtlich Grundwasserneubildung in Trockengebieten ergab eine Studie über die Bombentritium-Vertikalverteilung in der Dahna Sanddüne (bei Riyadh/Saudi Arabien) eine mittlere Grundwasserspende von 20 mm pro Jahr bei einem jährlichen Niederschlag von nur ca. 70 mm. Eine Modellanalyse mit den Wetterdaten von Riyadh führte zum gleichen Ergebnis. Hier zeigte sich besonders deutlich, wie empfindlich die Grundwasserspende nicht nur vom jährlichen Niederschlag, sondern auch von dessen Verteilung abhängt. Die Regenzeit in Riyadh konzentriert sich auf etwa 3 Frühsommer-Monate. Wären die 70 mm Jahresniederschlag hingegen gleichmäßig über das ganze Jahr verteilt, so ergäbe sich keine Grundwasserspende. Die Deuterium- und O^{18}-Profile der Dahna Sanddüne zeigen in der oberen ca. 1 m dicken Sandschicht eine Zunahme von δD und δO^{18} infolge kinetischer Isotopentrennung bei der Diffusion von Wasserdampf durch den Sand in die Atmosphäre. Laboruntersuchungen über das Verdunstungsverhalten von feuchtem Sand unter definierten Klimabedingungen (Klimakammer) bestätigen diesen Befund.

Bombentritium-Zeitverhalten hydrologischer Systeme

Das Bombentritium-Zeitverhalten im Abfluß hydrologischer Systeme – Lysimeter, Quellen, Bäche und Flüsse – gegenüber dem Tritium-Eintrag durch die Niederschläge vergangener Jahre wird durch einfache mathematische Modelle beschrieben. Diese Untersuchung stützt sich einerseits auf lange Datenreihen (seit 1960) über die monatlichen Niederschläge und deren Tritiumgehalt, die die Inputfunktion bilden, und andererseits auf entsprechende Datenreihen für den Abfluß der Systeme (Tritium-Response).

Das oben erwähnte einfache Modell hintereinander geschalteter Boxen mit der Feldkapazität als bodentypischem offenen Modellparameter gibt das Tritium- und Abflußverhalten der untersuchten Lysimeter (2 Sandlysimeter Limburger Hof/Ludwigshafen, 2 Loess-Lehm-Lysimeter Sindorf/Köln) richtig wieder.

Die Quelle Michelsbrunnen (Kohlhof/Heidelberg) wird in ihrem Einzugsgebiet durch Sickerwasser einer dem Modell nach ca. 1 Meter dicken Bodenüberdeckung des dortigen Buntsandsteins gespeist, das über eine Drainageschicht, bei der es sich vermutlich um die Verwitterungszone des Buntsandsteins handelt, rasch zur Quelle hin entwässert.

Die Bodenschicht bewirkt eine Verzögerung des Bombentritium-Maximums (aus Niederschlägen der Jahre 1963/64) um etwa 2 Jahre, wohingegen die mittlere Verweilzeit des Quellwassers in der Drainage-Zone nur einige Monate ausmacht, so daß maximale Tritiumgehalte in der Quelle bereits 1965 und 1966 auftreten.

Im Falle des Mains bei Kleinheubach lassen sich Tritium-Response und hydrographisches Verhalten mit einem Modell aus 4 Teilsystemen beschreiben.

Der Oberflächenabfluß trägt im Jahresmittel mit etwa 4% zum Abfluß bei, kann aber bei Starkregen vorübergehend Spitzenwerte bis 30% erreichen. Die mittlere Verweilzeit des Niederschlagswassers in der ungesättigten Bodenzone im Einzugsgebiet des Mains liegt im Mittel bei etwa einem Jahr. Etwa 2/3 des Sickerwassers der ungesättigten Bodenzone drainiert verhältnismäßig rasch in den Main, mit einer mittleren Verweilzeit in der Drainagezone (Interflow) von nur ca. 2 Monaten. Dieser hohe Interflow-Anteil bewirkt die jahreszeitlichen Variationen im Abfluß. Der über das Jahr hinweg konstante Grundwasser-Anteil, Base-Flow, (mittlere Verweilzeit in der gesättigten Bodenzone – Grundwasserleiter – ca. 5 Jahre) macht im Falle des Mains nur ca. 1/3 des Abflusses aus.

Einschlägige Arbeiten

Craig (1965)
Mazor (1972)
Sonntag et al. (1979)
Thoma et al. (1979)

D. Physikalische Limnologie (IUP, W. Weiss)

Die physikalische Limnologie beschreibt dynamische Vorgänge in Seen wie z. B. deren Zirkulation, ihre innere Wassermischung sowie Austauschprozesse an den Grenzen zwischen Sediment bzw. Atmosphäre und Wasser. Solche Beschreibungen basieren üblicherweise auf der Untersuchung zeitlicher und örtlicher Änderungen der Wassertemperatur sowie der Konzentration im Wasser enthaltener Spurenstoffe (Sauerstoff und Phosphat). Die interessierenden Prozesse sind in Seen methodisch viel schwieriger zu erfassen als im Ozean, da die Meßgrößen einerseits viel stärker durch Randbedingungen (Dimensionen des Sees, Ort und Stärke von Zu- und Abflüssen, Windrichtung relativ zur Lage des Sees etc.) bestimmt werden, andererseits die Interpretation der beobachteten Konzentrationsänderungen durch den Einfluß biologischer und chemischer Veränderungsprozesse oft sehr erschwert bzw. unmöglich gemacht wird. Die am Institut angewandten Untersuchungsmethoden umgehen die letztgenannte Komplikation weitgehend dadurch, daß sie auf der Untersuchung von biologisch/chemisch „inerten" Substanzen wie Tritium (radioaktiv markiertes Wassermolekül:HTO) und den Edelgasisotopen Helium-3 und Radon-222 basieren. Untersuchungsergebnisse liegen vor für den Bodensee sowie für das Tote Meer.

Messungen der vertikalen Verteilung von Tritium im Bodensee zwischen 1964 und 1974 zeigen deutlich die Erneuerung des ursprünglich tritiumfreien Tiefenwassers durch oberflächennahes Wasser hoher Tritiumkonzentration. Eine quantitative Auswertung dieser Messungen führt auf eine mittlere Tiefenwasserneuerungszeit von ca. 3 Jahren. Dieser Wert ergibt sich aus der Erneuerung während der winterlichen Zirkulation (ca. 60%) und während der Schichtung des Sees aus dem Austausch über die Sprungschicht hinweg. Der Austausch über die Sprungschicht unterliegt jahreszeitlichen Schwankungen mit Austauschkoeffizienten zwischen 0,2 und 1 cm²/sec. Aus den Ergebnissen dieser Untersuchungen kann man die Bedeutung der Rückmischung von Phosphat aus dem Tiefenwasser in das während der Schichtung aufgrund biologischer Aktivität in Phosphat stark verarmte Oberflächenwasser abschätzen.

Das im See enthaltene Tritium stellt eine starke Volumenquelle für das Tritium-Zerfallsprodukt Helium-3 dar. Dies führt im Seewasser zu einer Übersättigung von Helium-3 relativ zu dessen Löslichkeit.

Das überschüssige Helium-3 entweicht im Wechselspiel zwischen vertikaler Wassermischung im See und Gasaustausch in die Atmosphäre. Aus der zeitlichen Änderung des mittleren Helium-3-Überschusses des Sees kann man Vertikaldiffusionskonstanten und Gasaustauschrate direkt bestimmen. Das Ziel dieser Untersuchungen ist zweifach:

a) Es wird versucht, die Prozesse der inneren Mischung des Sees und des Gasaustausches auf leichter meßbare Größen, wie z.B. die vertikale Dichteschichtung im Wasser und die Windgeschwindigkeit über dem See, zurückzuführen. Diese Parametrisierung des Gasaustausches ist am Bodensee nur bedingt möglich, da dort keine meteorologischen Daten im Bereich der Seeoberfläche vorliegen. Es ist deshalb zur Zeit ein ähnliches Untersuchungsprogramm am Genfer See in Vorbereitung, das in Zusammenarbeit mit Meteorologen und Limnologen aus der Schweiz durchgeführt wird. Durch Einsatz einer meteorologischen Meßboje soll während der Untersuchung die Windgeschwindigkeit kontinuierlich registriert werden.

b) Die Untersuchungsergebnisse sollen zum besseren Verständnis von Stoffbilanzen nicht konservativer Substanzen wie Sauerstoff und Phosphat dienen.

Radon-222-Profile in der bodennahen Wasserschicht erlauben eine Abschätzung der Vertikaldiffusion des Wassers in Bodennähe. Bisher aus verschiedenen Teilen des Bodensee-Obersees vorliegende Untersuchungsergebnisse deuten darauf hin, daß die Vertikalmischung in Bodennähe über weite Teile des Sees offenbar sehr einheitlich ist mit charakteristischen Vertikaldiffusionskonstanten zwischen 0,2 und 0,4 cm²/sec. Die Radon-222-Untersuchungen in der bodennahen Wasserschicht stehen in engem Zusammenhang mit parallel im Bodensee durchgeführten Sedimentuntersuchungen (vgl. I.B). Eines der Ziele dieser Arbeit ist die Abschätzung der Rücklösung von Phosphat aus dem Sediment und dessen Rezirkulation im See.

Radonmessungen im Rheinzufluß haben Konzentrationsüberhöhungen relativ zur mittleren Radon-Konzentration in Seemitte von etwa 2 Größenordnungen gezeigt. Es ist deshalb geplant, Radon-222 auch zur Untersuchung der Einschichtung des Rheinwassers in den Bodensee und dessen Vermischung mit Seewasser zu verwenden.

Tritium-Untersuchungen im Toten Meer dokumentieren eindrücklich die allmähliche vertikale Mischung des Sees in der Endphase seiner natürlichen Dichteschichtung bis zu seiner vollständigen Vertikalzirkulation im Februar 1979. Aus der vor der Vertikalzirkulation im Tiefenwasser beobachteten mittleren Tritiumkonzentration von nur 0,2 TU kann die mittlere jährliche Tiefenwassererneuerung abgeschätzt werden. Sie betrug nur etwa 1 % des für den Bodensee berechneten Wertes. Die beobachtete Erhöhung der Tritiumkonzentrationen in Bodennähe auf bis zu 2 TU gibt ein Zeichen dafür, daß das Wasser in Bodennähe wesentlich schneller durch oberflächennahes Wasser erneuert wird als das darüberliegende Tiefenwasser. Aus dem Konzentrationsverhältnis der Heliumisotope der Masse 3 und 4 im Tiefenwasser des Toten Meeres kann man direkt auf den Tiefenhorizont schließen, in dem die Tiefenwassererneuerung bevorzugt stattfindet. Das He^3/He^4-Verhältnis im Tiefenwasser liegt deutlich unterhalb dessen von Luft ($1{,}4 \cdot 10^{-6}$). Dies ist ein Anzeichen dafür, daß die Tiefenwassererneuerung durch Grund- bzw. Quellwasser erfolgt, das in engem Kontakt mit der Erdkruste gestanden haben muß. Aufgrund dieses Befundes konnte bisher eine Quelle in der Umgebung des Toten Meeres als möglicher Zufluß in das Tiefenwasser des Toten Meeres identifiziert werden.

Einschlägige Arbeiten

Weiss et al. (1978)
Weiss et al. (1979c)

II. Feste Erde

A. Regionale Geochronologie (LG, H. J. Lippolt)

Einleitung

Das Laboratorium für Geochronologie der Universität Heidelberg in der Fakultät für Geowissenschaften vertritt in Forschung und Lehre das Gebiet der Isotopengeologie. Der Schwerpunkt der Arbeit liegt im chronologischen Bereich.

Eine gründliche geochronologische Forschungsarbeit beginnt bei den geologischen Grundlagen, setzt sich fort in petrographisch-mineralogischen Überlegungen und führt schließlich zu den Problemen der physikalisch-chemischen Analytik und theoretischen Analyse. Je nach der Herkunft der Mitarbeiter wird das Hauptinteresse irgendwo in diesem Spektrum liegen, ohne daß die übrigen Aspekte vernachlässigt werden. Die Themastellung kann erdgeschichtlich, petrologisch oder methodisch motiviert sein. Besonderer Reiz liegt darin, die von der Natur durchgeführten Experimente, deren Deutung die Geochronologie neben anderen Disziplinen versucht, durch Laborexperimente zu ergänzen, um damit zu einem größeren Verständnis zu kommen.

K-Ar-Chronologie des tertiären Vulkanismus im Rheinischen Schild

Zur Datierung des tertiären und quartären Vulkanismus Mitteleuropas eignet sich die K-Ar-Methode am besten. Die Abfolge dieses Vulkanismus ist von großem Interesse, um geochemische Daten in eine zeitliche Ordnung bringen zu können und genetische Modelle für die Eruptionsmechanismen aufzustellen. Während mit Gesamtgesteinsdatierungen ein Überblick gewonnen werden kann, sind Mineraldatierungen nötig, um feine Altersunterschiede zu erfassen. Von Interesse sind natürlich auch lokale Zusammenhänge und vor allem exakte zeitliche Einstufung bislang undatierter Eruptionsphasen.

a. K-Ar-Synopsis der Eruptionszeiten im nördlichen mitteleuropäischen Vulkanbogen

Der känozoische zentraleuropäische Vulkanismus wird in einen ca. 700 km langen nördlichen Gürtel (Eifel bis Schlesien) und einen ca. 300 km langen südlichen Bogen (Lothringen bis Urach) eingeteilt. Die Altersbeziehungen des südlichen Bogens wurden von BARANYI et al. (1976) behandelt.

Die Altersbeziehungen im nördlichen Bogen können z. Z. anhand von ca. 300 K-Ar-Altern (publizierte und unveröffentlichte, zu einem wesentlichen Teil Ergebnisse unseres Instituts) korreliert und insbesondere können die Beweise für die „Heißer Fleck"-Hypothese von DUNCAN et al. (1972) für diesen Vulkangürtel überprüft werden. Dabei muß unterschieden werden zwischen dem relativ schmalen Gürtel als solchem und den südlich und nördlich anschließenden peripheren Gebieten.

Der Vulkanismus ist känozoischen Alters. Seine jüngsten Manifestationen ereigneten sich vor ca. 10^4 Jahren, was durch unabhängige Datierungen gut belegbar ist. Für jedes der Teilgebiete dieses Gürtels gibt es detaillierte Vorstellungen über die zeitliche Reihenfolge der Eruptionen, wenngleich sie im allgemeinen nur dürftig begründbar sind. Verzahnungen der vulkanischen Produkte mit datierbaren Sedimenten (z. B. Braunkohlen, Flußterrassen) sind die wichtigsten Hilfsmittel für die relative Datierung. Schwerer zu erfassen als die relative Abfolge sind die Längen der Eruptionsintervalle und die relative zeitliche Stellung der Eruptionen der jeweiligen Gebiete untereinander. Das rührt daher, daß die stratigraphischen Schranken nur zufällig auftreten und selten sind. Gerade die zeitlichen Beziehungen der Gebiete untereinander sind wichtig für die Theorien über den Entstehungsmechanismus des mitteleuropäischen Vulkangürtels.

Im engeren Gürtel ist der bisher höchste Alterswert im Böhmischen Mittelgebirge gefunden worden (Paleozän) (Abb. 4). Im Westen, in der Hocheifel, entsprechen die höchsten Werte eozänen Altern. Längs des gesamten Gürtels steht der (ober-)oligozäne/untermiozäne Vulkanismus im Vordergrund, auch in der Rhön, wo man bisher kleinere Alterswerte hatte. Ein zweites Maximum liefert der Vogelsbergvulkanismus für das mittlere Miozän. Es sind zwei durch obermiozäne („pliozäne") Eruptionen ausgezeichnete Gebiete gefunden worden (Niederwesterwald, westliches Böhmisches Mittelgebirge). Quartärer Vulkanismus tritt außer in West- und Osteifel im Westerwald, im Egergebiet, in Niederschlesien und in Nordmähren auf.

Der niederhessische Vulkanismus schließt altersmäßig den Vogelsbergvulkanismus ein. Die im Süden des Gürtels anschließenden Vulkangebiete haben mit Ausnahme des untermainischen mittelmiozänen Trapp-Deckenvulkanismus wesentlich höhere Alter: man kann eine kretazische (Sprendlinger Horst), eine paleozäne (Kraichgau) und eine eozäne Phase (Odenwald) ausmachen.

Der noch unvollständige Stand der geochronologischen Bearbeitung und damit der Kenntnis der Altersbeziehungen zwischen den Vulkangebieten macht weitere Arbeiten notwendig, insbesondere an separierten Mineralpräparaten. Für vorläufige Modelle sollte diese Synopsis jedoch schon von Wert sein.

Feste Erde

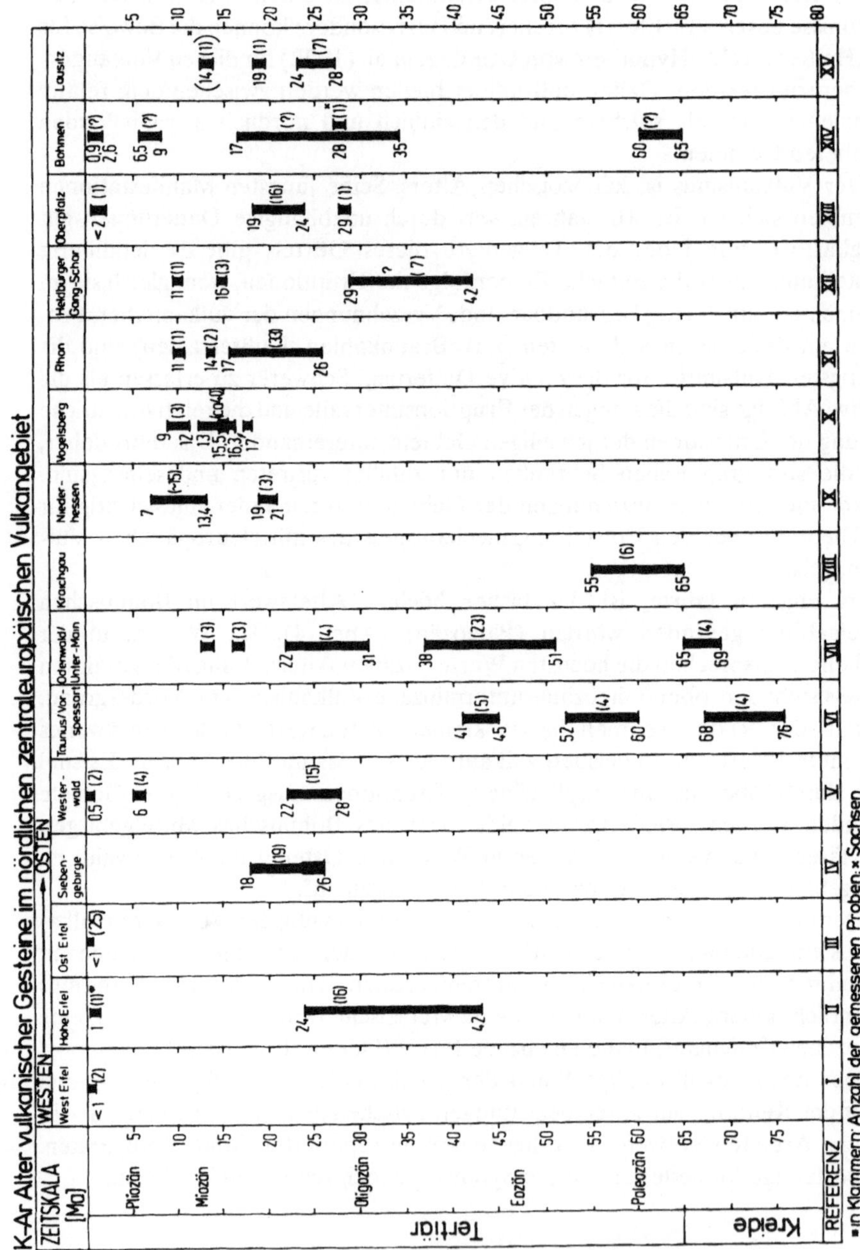

Abb. 4. Übersicht über die zeitliche Verteilung der Eruptionszeiten des tertiären Vulkanismus im nördlichen Vulkanbogen des Rheinischen Schildes nach K-Ar-Altersbestimmungen

b. Die Westerwälder pliozäne Eruptionsphase

Der Vulkanismus des Rheinischen Schildes kann nach Geländekriterien in eine tertiäre und eine quartäre Phase untergliedert werden. In vielen Fällen ist dies jedoch nicht möglich; hier kann nur isotopische Datierung weiterhelfen (K-Ar-Datierung; Spaltspuren-Datierung). Der tertiäre Vulkanismus des Rheinischen Schildes beginnt im Eozän in der Hocheifel, er hat seinen Höhepunkt an der Wende Oligozän/Miozän (Westerwald, Siebengebirge, Oberpfalz) und reicht im Vogelsberg bis zu Alterswerten um 11 Millionen Jahre, welche als oberes Miozän angesprochen werden können. Der Quartärvulkanismus der Osteifel ist durch Eruptionen im jüngeren Quartär geprägt. Dies gilt, wenn auch in geringerem Maße, für die Westeifel – Gegenstand zeitlich lange zurückliegender Heidelberger Untersuchungen.

Die Bertenauer Vulkangruppe zwischen Westerwald und Siebengebirge wurde erst 1976 von LIPPOLT als pliozän identifiziert; wir haben im Westerwald zwei weitere pliozäne Eruptionsstellen gefunden und so die Ansicht von AHRENS (1941) bestätigt, daß sich im Rheinischen Schild zwischen die eigentliche tertiäre Phase und die quartäre Phase eine dritte Phase einschiebt. Es konnte jedoch nicht ausgeschlossen werden, daß in dem betrachteten Gebiet ständig Vulkanite gefördert worden sind, da beispielsweise in Hessen Olivin-Nephelinite mit K-Ar-Altern von nur etwa 9 Ma auftreten (WEDEPOHL, 1978).

Um abzuschätzen, wie häufig pliozäne Eruptionen im Gebiet zwischen Westerwald und Siebengebirge waren, haben wir als Anfang alle Vorkommen des Blattes „Schaumburg" einer Datierungsuntersuchung unterworfen. Zehn der dreizehn Vorkommen wiesen eindeutig pliozäne Alterswerte auf (11 bis 5 Millionen Jahre), die drei restlichen zeigten die für den Westerwald typischen oberoligozän-untermiozänen Werte. Daraus ist zu schließen, daß diese pliozänen Eruptionen wesentlich häufiger waren als bisher angenommen worden ist. Zumindest für diesen engen Teilbereich zeigt sich, daß der Vulkanismus in zwei zeitlich getrennte Gruppen gegliedert ist.

Es wurde nach weiteren Kriterien geforscht, die beiden Vulkanitgruppen auseinanderzuhalten: Geländekriterien konnten keine gefunden werden, dagegen erwiesen sich mikroskopische Kriterien als erfolgversprechend. Nach dem Modalbestand sind die älteren Basalte Alkali-Olivin-Basalte i.e.S. und die jüngeren Nephelin-Basanite, was sowohl im „Mafit-Felsit"-Diagramm als auch im Dreiecks-Diagramm ‚Plagioklas-Olivin-Pyroxen' zu einer Trennung Anlaß gibt. Besonderen Bezug zu dem Thema des DFG-Schwerpunktes „Vertikalbewegungen" hat die relative Höhenlage des im Bereich von Blatt Schaumburg dominierenden Mühlenberg-Basaltes zu dem benachbarten Tuff des Kiesbachtals (Nebenfluß der Lahn). Dieser liegt ca. 100 m tiefer als der Basalt, hat jedoch in etwa das gleiche K-Ar-Alter. Der Nachweis dieser Gleichaltrigkeit konnte mit Biotit aus einem pyroxenitischen Xenolithen des Tuffs geführt werden, während die anderen Komponenten sich wegen Überschußargon als ungeeignet für K-Ar-Datierungen erwiesen haben.

Zur Rekonstruktion der geographischen Verbreitung der pliozänen Eruptionsphase wurde eine Nordwest-Südosttraverse vom Siebengebirge zum Taunus
gelegt. Darin wurden tertiäre Vulkanite beprobt und nach der K-Ar-Methode
kursorisch datiert (Feldspatbasalte, untergeordnet Trachyt).

Es konnten nur drei weitere pliozäne Vorkommen entdeckt werden (zwei auf
Blatt Montabaur, eines auf Blatt Ems), während die 25 anderen Vorkommen
K-Ar-Alter zwischen 29 und 21 Ma aufwiesen (Häufigkeitsmaximum bei 25
Millionen Jahren). Danach ist die pliozäne Eruptionsphase auf einen NW-SE-
streichenden Streifen im Gebiet der Blätter Schaumburg-Montabaur-Bad Ems
sowie auf die in der NE-Fortsetzung liegende „Bertenauer Vulkangruppe"
beschränkt.

Es bleibt zu klären, wie stark diese Phase von den anderen abgesetzt ist.

Rb-Sr- und K-Ar-Chronologie des oberrheinischen Grundgebirges

Isotopische Altersbestimmung im Grundgebirge ist aus vielen Gründen
sinnvoll und notwendig. Der Geländebefund läßt normalerweise eine relative
Abfolge erkennen, ohne jedoch allzuviel über die zeitlichen Abstände zwischen
den beobachtbaren Ereignissen auszusagen. Der Geologe muß deshalb zunächst
mit hypothetischen Analogieschlüssen arbeiten, wobei er zu Gebieten Zuflucht
nimmt, die mehr und eindeutige Beobachtungen zulassen. Die Isotopengeochronologie kann diese Abstände feststellen, wenn geeignete Gesteine vorliegen, und
somit die Analogieschlüsse überprüfen.

Die Tatsache, daß heute mehrere Datierungsmethoden und -Modelle zur
Verfügung stehen, läßt die Isotopengeochronologie auch zu Beobachtungen
gelangen, die auf anderem Wege nicht feststellbar sind. Die Rubidium-Strontium-Methode kann dazu verwendet werden, zwei geologische Ereignisse in der
Geschichte eines magmatischen Gesteins zu bestimmen: Intrusionszeit und
Abkühlungszeit. Im einen Falle geht man von Großproben aus (ca. 20–30 kg), im
anderen beschränkt man sich auf separierte Minerale. Die beiden Zeiten können
natürlich sehr nahe zusammenfallen. Tun sie das nicht, dann stellt sich sehr
dringlich die Frage, was mit radiogenen Nukliden geschah, die im verbleibenden
Intervall entstanden sind. Mit Großproben kann man den frühen Ereignissen in
der Geschichte des Grundgebirges nachspüren, durch Mineraldatierungen den
späten.

Drei Beispiele aus der diesbezüglichen Arbeit unseres Instituts während der
letzten Jahre sollen das erläutern.

Seit KLEMM und VON BUBNOFF sind die Böllsteiner Granitgneise des
nordöstlichen Odenwalds ein vieldiskutiertes Problem der Odenwälder Petrologie. Stehen sie in ihrem Alter der Schwarzwälder Gneismasse nahe, oder passen
sie ins Bild der variscischen Magmatite des Odenwalds? Die Glimmer-Alter
würden für das letztere sprechen (KREUZER und HARRE, 1975). Arbeitet man
jedoch mit Großproben, dann ergibt sich eine wohl definierte Rb-Sr-Isochrone,

die einem Alter von 400 Ma entspricht, ca. 90 Ma älter als das Mineralalter. Man kann daraus schließen, daß die Böllsteingneise vorvariscische Gesteine sind, welche erst nach der variscischen Orogenese so weit abkühlten, daß die Glimmer isotopische Uhren werden konnten (kleiner ca. 300°C).
Sie sind vermutlich vor 400 Ma magmatisch intrudiert, überraschenderweise 70–80 Ma später als ähnliche Gesteine im mittleren Schwarzwald. Die Isotopengeochronologie bestätigt also hier den Analogie-Schluß von VON BUBNOFF auf ein höheres Alter, bringt jedoch insofern ein neues Ergebnis, als

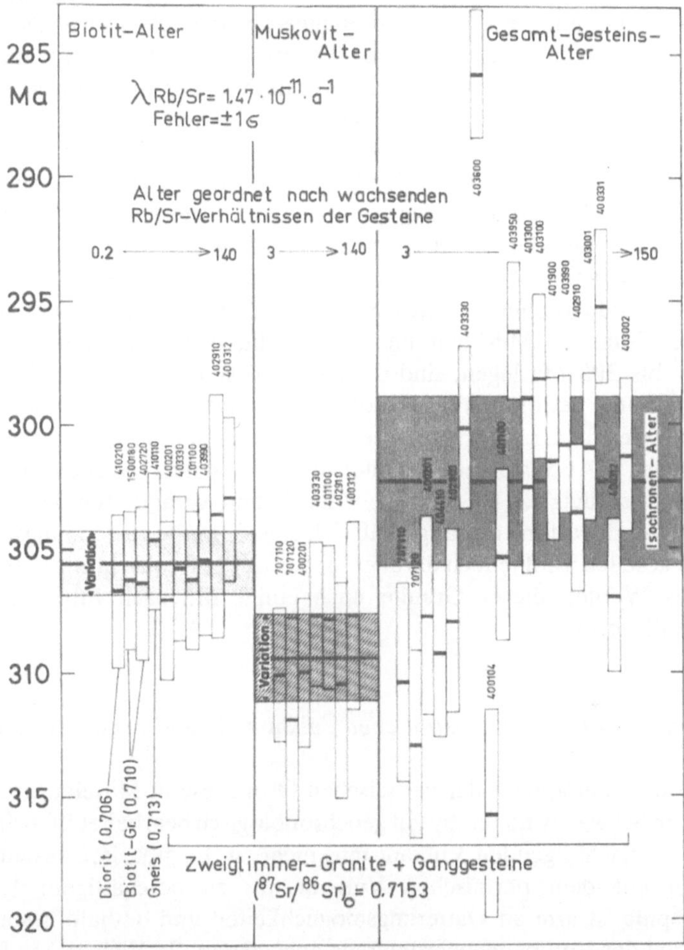

Abb. 5. Vergleich der Rb-Sr-Alter von Glimmern und Gesamtgesteinen des Nordschwarzwaldes. Fehler: ± 1σ. Bezogen auf die Gesamtgesteinsalter geben Muskovit und Biotit unterschiedliche Abkühlungsalter. Aus v. Drach (1978). Die schraffierten Bereiche bedeuten bei den Glimmer-Altern die 1-sigma-Variationsbereiche der Einzelergebnisse, bei den Gesamtgesteins-Altern den 1-sigma-Fehlerbereich des Isochronen-Alters

das höhere Alter zwischen das der Schapbachgneise im Schwarzwald und das
variscische magmatische Geschehen im oberrheinischen Grundgebirge fällt.

Seit STRIGEL (1932) wird in dem sich südlich von Lenzkirch erstreckenden
Grundgebirgsareal des Südostschwarzwalds ein tektonisch überprägter (prätek-
tonischer) Granit als Lenzkirch(-Steina)-Granit unterschieden. Dieser Granit
wird zu den ältesten Graniten des Schwarzwaldes gerechnet. Andererseits zeigt
Glimmer aus diesem Granit ein oberkarbonisches Alter (ca. 320 Ma). Rb-Sr-
Analysen an Großproben haben nun eine Isochrone ergeben, welche einem Alter
von 340 Ma entspricht. Dieser Wert weist diesen Granit in die Altersgruppe der
prätektonischen Granite ein. Die Isotopengeochronologie kann also hier
bestätigen, daß es sich um einen der älteren Granite handelt, darüber hinaus aber
klarstellen, daß dieser Granit noch ca. 20 Ma nach seiner Intrusion in einem
Temperaturbereich über 300 °C lag und daß er erst dann in seichte Gebiete der
Erdkruste geraten ist.

Aus diesem Ergebnis sollte man schließen, daß sich für die nachtektonischen
Granite +/− Altersübereinstimmung zwischen Gesamtgesteinsalter und Mineralalter ergeben sollte. Betrachtet man die Situation am Beispiel der Nord-
schwarzwälder 2-Glimmer-Granite (Abb. 5), dann erkennt man jedoch auch hier
einen Altersabstand zwischen den Gesamtgesteinsaltern und den Mineralaltern.
Während die Glimmer (Muskovit und Biotit) die Abkühlungsphase in das
Intervall 310 bis 305 Ma legen, sind die Gesamtgesteinsalter scheinbar noch
jünger. Hier hilft die petrographische Beobachtung weiter; nach der Abkühlung
der Glimmer waren die Granite niedrigthermalen Veränderungen ausgesetzt, die
die Rb-Sr- und K-Ar-Systeme der Chlorite und anderer Sekundärminerale
betrafen und geringfügig das Rb-Sr-System der Granite veränderten. Wir finden
also auch hier die Erwartung bestätigt, daß sich diese Granite zu den jüngsten im
Schwarzwald gesellen, sind jedoch darüber hinaus zu der Beobachtung vorgesto-
ßen, daß das Werden dieser Granite noch einige Ma nach Intrusion und
Abkühlung andauerte.

Stratigraphie und Petrologie permischer Vulkanite in Südwestdeutschland

Während die Hauptphase der variscischen Orogenese in Mitteleuropa und
speziell auch im Schwarzwald relativ gut geochronologisch bearbeitet ist, trifft das
für die Zeit des nachfolgenden Vulkanismus nicht zu. Es gibt drei wesentliche
Gründe, sich mit dem permischen Vulkanismus zu beschäftigen: 1. Die
Permstratigraphie ist arm an Datierungsmöglichkeiten und deshalb besonders
auf den Einsatz der Isotopengeochronologie angewiesen. 2. Viele der in Frage
kommenden Gesteine bieten wegen ihrer spät- bis postmagmatischen Veränderungen den Anreiz, die Datierbarkeit solcher Gesteine zu überprüfen und
3. Dieser Vulkanismus ist eine wesentliche geologische Komponente im
Südwesten unseres Landes. Vornehmlich saure vulkanische Gesteine des Perms

finden sich im Schwarzwald, Odenwald und im Saar-Nahe-Gebiet, wo sie stratigraphisch gut gegliedert worden sind.

Wir haben zunächst mit einem Vergleich von Rb-Sr-Altern von Gesamtgesteinsproben mit solchen von Mineraleinsprenglingen begonnen und dafür Gesteine aus dem Schutter- bzw. Kinzigtal im mittleren Schwarzwald gewählt. Der Vergleich hatte als Ergebnis, daß bei diesen Gesteinen der Ansatz der Gesamtgesteinsdatierung versagt und man nur durch Mineraldatierungen weiterkommt. Mit diesem methodischen Zwischenergebnis wandten wir uns dem Ignimbrit der Baden-Badener Senke zu, bei dem sich auch herausstellte, daß nur mit Mineraldatierungen zuverlässige Aussagen möglich sind. Sobald sich abzeichnete, daß die in unseren Augen zuverlässigsten Daten recht hoch ausfielen (ca. 280 Ma), schien uns die Aufgabe vordringlich zu werden, die Schwarzwalddaten an stratigraphisch gut bearbeitete Vulkanite anzuschließen. Dazu bot sich aus mehreren Gründen der Vulkanismus des Saar-Nahe-Gebiets an.

Zu diesem Zweck haben wir Biotit und Apatit aus neun vulkanischen Gesteinen (Rhyolithen und Tuffen) des Saar-Nahe-Gebiets extrahiert und daran Rb-Sr- und K-Ar-Messungen vorgenommen. Die Alterswerte (Abb. 6) sind untereinander in sehr guter Übereinstimmung und als Gruppe bemerkenswert

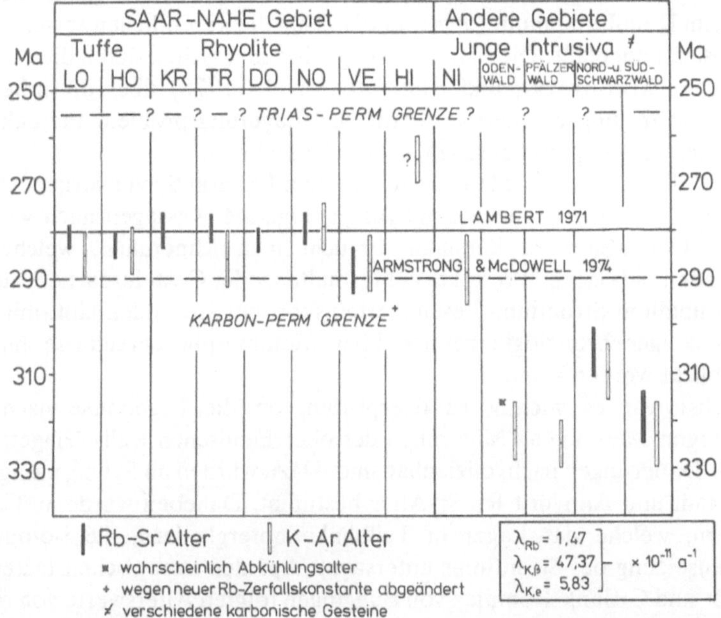

Abb. 6. Vergleich von Sb-Sr- und K-Ar-Altern von Glimmern aus Rhyolithen und Tuffen des Saar-Nahegebietes mit solchen aus dem Odenwälder und Schwarzwälder Grundgebirge. Man erkennt das relativ hohe Alter der Permvulkanite und den Abstand zu der Abkühlung des Grundgebirges

hoch. Mit ca. 280 Ma gehören sie eindeutig ins untere Perm. Gegenüber den Abkühlungsaltern des Odenwalds und Schwarzwalds (Granite etc.) sind sie jedoch klar um ca. 25 Ma abgesetzt.

Wir sind somit mit dem wichtigen Ergebnis konfrontiert, daß der bis jetzt untersuchte permische Vulkanismus auf ein relativ enges Zeitintervall beschränkt ist und dem Karbon zeitlich näher steht als bisher angenommen worden ist.

Isotopische Altersbestimmungen zur Geschichte von Salzlagerstätten

Kalisalze standen am Anfang der Kalium-Argon-Datierung vor nahezu 30 Jahren. Die isotopische Chronologie der Salzlagerstätten blieb jedoch nach ersten Erfolgen in ihren Anfängen stecken, aufgehalten durch geographische und methodische Ursachen. An den Chloriden Sylvin, Carnallit und Kainit und an den Sulfaten Langbeinit und Polyhalit wurden bis heute insgesamt 250 Mineral- und Gesteinsdatierungen unternommen. Danach zeigen Kalisalze i.A. keine Sedimentationsalter an, da sie metamorphe bis polymetamorphe Gesteine sind und sich somit eher eignen, Metamorphosephasen in den Salzlagern zu datieren. Systematische Untersuchungen vom salzgeologischen und vom geochronologischen Standpunkt aus sind nötig, um herauszufinden, welche Signifikanz den Salzdaten im Detail zukommt. LIPPOLT (1977) hat die wesentlichen anstehenden Fragen zusammengefaßt. Die Salzchronologie hat inzwischen durch die Diskussion zwischen MACINTYRE und BROOKINS et al. (1978) über die mögliche Bedeutung sehr junger Alterswerte für das Lagerungsproblem radioaktiver Abfälle einen umweltphysikalischen Aspekt bekommen.

Obwohl die meisten Salzdatierungen an dem Mineral Sylvin vorgenommen worden sind, ist seine Brauchbarkeit für geologische Aussagen nach wie vor ungeklärt. Um weiter zu kommen, braucht man Mineralien, welche die zeitmessenden radiogenen Produkte gut festhalten, oder Gesteinspartien, auf die sich das Rubidium-Strontium-Gesamtgesteinskonzept anwenden läßt, mit dem in der Silikatgeochronologie zeitlich über Metamorphoseereignisse hinweg zurückgeblickt werden kann.

Zunächst war es wichtig zu überprüfen, ob die Ergebnisse nach der Kalium-Argon-Methode an Mineralien der oberrheinischen Kalisalzlagerstätte mit Rb-Sr-Datierungen nachvollziehbar sind. Dazu wurden an Sylvin, paragenetischem Halit und Anhydrit Rb-Sr-Alter bestimmt. Daneben wurde an $CaSO_4$ aus Lösern, welche das Lager in Teilbänke untergliedern, die isotopische Zusammensetzung des Strontiums untersucht. Aus den isotopischen Daten für den A-, B- und C-Bank-Komplex von Buggingen folgten Alterswerte von rd. 10 Ma, während für Mineralien der D-Bänke vom links- und rechtsrheinischen Lagerteil wesentlich niedrigere Alterswerte erzielt wurden. Die Meßergebnisse zeigen insgesamt einen großen Streubereich; sie sind mit großer Wahrscheinlichkeit Ausdruck der Rheingrabenbildung. Aus den Anhydritmessungen kann auf den starken Einfluß festländischen Materials auf die chemische und isotopische Zusammensetzung der Lauge im Sedimentationsgebiet geschlossen werden, da die Sr^{87}/Sr^{86}-Werte deutlich über denen des Unteroligozän-Meeres liegen. Da die Rb-Sr-Alter den K-Ar-Altern z.T. widersprechen, muß vermutet werden, daß die letzteren durch Exzeß-Argon-Gehalte beeinflußt waren, welche aus der Zeit zwischen Sedimentation und Umbildung herrühren.

Während also die Rb-Sr-Methode bei Sylvinen hinsichtlich des Speichervermögens kein entscheidend günstigeres Bild als die K-Ar-Methode ergab, zeigte sich durch gemeinsame Anwendung dieser beiden Datierungsmethoden auf das Mineral Langbeinit sowie durch Diffusionsuntersuchungen von Argon, daß sich dieses Sulfat-Mineral dazu eignet, die Geschichte von Kalisalzlagerstätten besser verstehen zu lernen. $K_2Mg_2(SO_4)_3$ stellt einen guten Speicher für die radiogenen Zerfallsprodukte dar. Offensichtlich wird dieses Mineral in charakteristischen Metamorphosephasen gebildet, welche für bestimmte Flöze und Regionen kennzeichnend sind. So ergibt Langbeinit des Fulda-Werra-Gebiets für das Flöz Thüringen Werte um 230 Ma, während für das Flöz Hessen Werte um 150 Ma gefunden werden. Die Langbeinite aus dem Flöz Staßfurt des Südhannover-Bezirks ergeben mit 95 Ma Mittelkreide-Alter und solche des Nordhannover-Gebiets mit 120 Ma Unterkreide-Werte. Da die Rb-Sr- und K-Ar-Werte sich als konkordant erwiesen haben, hat man in diesen Ergebnissen gute Bezugswerte zur Anknüpfung weiterer Versuche an anderen Mineralien dieser Flöze, wie z.B. Polyhalit, Rinneit usw.

Rinneit (NaK_3FeCl_6) wird ebenfalls als typisches Metamorphoseprodukt in Kalisalzlagern angesehen. Petrographische Untersuchungen lassen erkennen, daß dieses Mineral innerhalb des heute erkennbaren Metamorphoseablaufs recht früh gebildet worden sein kann. Aus diesem Grunde wurden zunächst Rinneit-Proben von vier Lokalitäten in zwei Salzstöcken des Hannover-Bezirks nach der Rb-Sr-Methode untersucht. Dabei ergaben Proben aus Rinneit-Nestern der Kalilager des Hildesheimer-Wald-Sattels, welche lokal der Metamorphosephase I zugeordnet sind, oberkretazische Modell-Alter. Die Modell-Alterswerte von Kluftrinneiten aus dem 20 km entfernten Sarstedter Salzdom entsprechen dagegen dem mittleren Tertiär und datieren so spätere tektonische Beanspruchungen der Salzschichten. Rinneit-Datierung könnte somit für Salzstock-Untersuchungen wichtig werden, wenngleich detaillierte Aussagen erst nach weiteren systematischen Messungen erwartet werden können.

Von einigen Salzgesteinen wird angenommen, daß sie zwar gegenüber den ursprünglichen Sedimentationsprodukten leicht verändert sind, aber dennoch als sehr frühe sekundäre Bildungen anzusehen sind. Dies sind z.B. die Carnallitite des Flözes Staßfurt des Hildesheimer-Wald-Sattels. Von diesen Gesteinen schien es sinnvoll, Rb-Sr-Gesamtgesteinsalter zu messen, um diese Grundannahme zu überprüfen und um zu testen, ob ein anderer methodischer Ansatz weiterführen kann auf dem Weg, signifikante Alterswerte für Salzgesteine zu finden. An zwei Großproben dieses Gesteins wurden jedoch ebenfalls Alter gefunden, welche der mittleren Kreide entsprechen. Die beiden Ergebnisse sind konkordant, bzw. leicht jünger als das Langbeinitalter dieses Flözes. Da der isotopische Befund beinhaltet, daß wesentliche Mengen von radiogenem Sr^{87} verloren gegangen sind, kann geschlossen werden, daß diese Carnallitite ebenfalls durch die Mittelkreide-Metamorphose erfaßt worden sind, die vermutlich auch für andere Elemente zur Öffnung der chemischen Systeme geführt hat.

Es bleiben eine Menge ungelöster Fragen. Als Beispiel sind methodische Probleme zu nennen, wie die Retentivität der Minerale Polyhalit, Glaserit und Leonit, und auch geologische, wie der Zusammenhang zwischen Salzbildung auf Klüften innerhalb der Lager und tektonischen Prozessen außerhalb. Von Interesse könnte auch sein, ob die Trias- und Jura-Alterswerte, die man an Langbeiniten des Werra-Fulda-Gebiets findet, nicht auch im Hannover-Bezirk festzustellen sind.

Einschlägige Arbeiten

Baranyi et al. (1976)
Brewer und Lippolt (1974)
Cantarel und Lippolt (1977)
v. Drach und Lippolt (1975) (1976)
Frechen und Lippolt (1965)
Lippolt (1976a), (1976b), (1977), (1978), (1979a)
Lippolt und Oesterle (1977)
Lippolt und Raczek (1979a, b, c)
Lippolt et al. (1973), (1975a), (1975b), (1975c), (1976), (1977), (1978)
Oesterle und Lippolt (1975), (1976), (1977)
Todt und Lippolt (1975a, b), (1979)

B. Geologische Zeitskala (LG, H. J. Lippolt)

Die Zeitskala ist das chronologische Ordnungsprinzip für die Geschichte der Erde und insbesondere der Erdkrustengesteine. Sie ordnet zunächst die geologischen Ereignisse relativ anhand von charakteristischen Merkmalen (z.B. Fossilien). Diese relative Ordnung, die oft nur regional eindeutig hergestellt werden kann, bedarf zum erdweiten Vergleich der absoluten zeitlichen Kalibrierung. Diese ist heute durch isotopische Datierung möglich und für einige Formationen gut, für andere dagegen unvollständig durchgeführt worden. Vom Physikalischen her ist diese Kalibrierung mit den Schwierigkeiten aller Eichmessungen behaftet. Das Hauptproblem liegt jedoch darin, geeignete Gesteine zu finden. Diese müssen biostratigraphisch gut definiert sein und gleichzeitig höchsten Anforderungen hinsichtlich ihrer isotopischen Datierbarkeit gerecht werden. Da nur wenige zuverlässige chronometrische Eichpunkte für das Mesozoikum existieren, sahen wir unsere Aufgabe zunächst darin, geologische Objekte zu finden, welche die notwendigen Voraussetzungen erfüllen. Die Wahl fiel schließlich auf den mitteltriadischen Vulkanismus der Südalpen. Beim genauen Durchmustern erwiesen sich jedoch nur vulkanische Einschaltungen der stratigraphisch exakt datierten Grenzbitumenzone der Tessiner Kalkalpen durch die Anwesenheit frischer Hochtemperatur-Alkalifeldspäte für Datierungen nach der K-Ar-Methode geeignet.

Es wurden Doppelbestimmungen für Kalium und Argon an insgesamt 30 Proben von verschiedenen Bentonit-Horizonten aus fünf Aufschlüssen durchgeführt. Aus einer Schicht wurden je drei Korngrößenpräparate der drei unterscheidbaren Feldspattypen analysiert. Glasiger und getrübter Feldspat ergeben übereinstimmend 234 ± 3 Ma (mit $4,962 \cdot 10^{-10}$ bzw. $0,581 \cdot 10^{-10}$ a^{-1} als Zerfalls-Konstanten und $K^{40}/K^{39} = 0,01167$). Stufenweise Entgasung von neutronenaktiviertem Material ergibt wohl definierte Ar^{40}/Ar^{39}-Plateaus. Diese begründen die Annahme geschlossener K-Ar-Systeme seit der Bildung der Sanidinkristalle. Die Sanidin-Alter können als gute Eichwerte für die Anis/Ladin-Grenze der mittleren Trias angesehen werden.

Nach der 1964 akzeptierten phanerozoischen Zeitskala (Holmes-Symposium) entspricht der gefundene Alterswert der Perm/Trias-Grenze. Wir müssen jedoch annehmen, daß diese Grenze damals zu jung eingestuft worden ist. Tatsächlich war diese Festlegung nur unzureichend dokumentiert. Die von uns vorgeschlagene Zeitmarke wird durch Ergebnisse neuerer Arbeiten aus anderen Instituten unterstützt. Es ist zu erwarten, daß die Trias in Zukunft zwischen den Grenzen 255 Ma und 205 Ma angesetzt werden wird.

Als Fortsetzung dieser Arbeiten haben wir uns zwei weiteren Themen zugewandt. Da die Grenze Perm/Trias chronometrisch nicht erfaßt werden kann, weil geeignete vulkanische oder plutonische Bildungen fehlen, wollen wir prüfen, ob Feldspäte, die nach FÜCHTBAUER (1958) im Plattendolomit des Zechstein 3 authigen entstanden sind, eventuell für eine isotopische Datierung verwendet werden können. Hierbei hegen wir auch die Hoffnung, damit einen Bezugspunkt für unsere Arbeiten im Perm zu bekommen. Eine weitere Möglichkeit sehen wir darin, in den Flözen des Saar-Karbons nach Kohlentonsteinen mit vulkanischem Feldspat zu suchen, um daran Eichpunkte für das Westfal bzw. Stefan zu bekommen. Eine diesbezügliche Arbeit von DAMON und TEICHMÜLLER (1971) (Ruhrrevier) bestärkt uns in diesem Arbeitsansatz. Diese angestrebten Eichwerte sind sowohl für unsere Arbeiten im Grundgebirge des Schwarzwalds als auch für die permischen Vulkanituntersuchungen von Belang.

Einschlägige Arbeiten

Hellmann (1977)
Hellmann und Lippolt (1976)

C. Isotopengeochemie (LG, H. J. Lippolt)

Während die Geochemie feststellt, wie die Gesteine sich chemisch zusammensetzen und wie es gerade zu der beobachteten Zusammensetzung kommen konnte, beschäftigt sich die Isotopengeochemie damit, aus bei der Gesteinsentstehung eingefrorenen Isotopenverhältnissen genetische Schlüsse zu ziehen. Im Rahmen geochronologischer Arbeiten fallen solche Daten oft als Nebenprodukt an und geben Anlaß, sich gezielt derartigen Themen zu widmen. Petrogenetische Hinweise auf die Entstehung wichtiger Gesteinstypen im Grundgebirge des Oberrheingebiets haben BREWER und LIPPOLT (1974) in den Sr^{87}/Sr^{86}-Anfangswerten dieser Gesteine gefunden. Während wir damit beschäftigt sind, weitere Daten für die von BREWER und LIPPOLT entwickelten Vorstellungen zusammenzutragen, haben wir diese Arbeitsrichtung auf verwandte Themen erweitert.

Zunächst hat uns interessiert, ob lamprophyrische Ganggesteine im Schwarzwald und Odenwald sich in ihren Sr^{87}/Sr^{86}-Anfangswerten von den anderen Schwarzwälder Magmatiten unterscheiden und somit einen anderen Entstehungsmechanismus verraten. WIMMENAUER (1972) hatte den Verdacht formuliert, daß bei der Entstehung von Lamprophyren nicht nur Aufschmelzprodukte der Kruste, sondern auch Mantelmaterie beteiligt sein könnte. Da Mantel-Sr sich jedoch signifikant von Erdkrusten-Sr unterscheidet, impliziert die Annahme einer Beimischung von Mantel-Sr kleinere Anfangswerte als in den anderen Magmatiten des Gebiets. von DRACH und LIPPOLT (1974) konnten für ein dioritisches Ganggestein des Nordschwarzwalds einen derartigen Beitrag aus größerer Erdtiefe wahrscheinlich machen. Die Lamprophyre jedoch lieferten keinen deutlichen Hinweis. Die Schwarzwälder Lamprophyre haben Sr-Anfangswerte von 0,7075–0,7108, die des Odenwalds von 0,7059 bis 0,7065. Sie sind somit isotopisch ähnlich den akzeptierten Krustenschmelzprodukten und können aus unserer Sicht ebenfalls krustale Bildungen sein. Da Lamprophyre gelegentlich mit Granitporphyren zusammen als gemischte Gänge auftreten, wird eines unserer nächsten Ziele sein, festzustellen, ob sich in den Sr-Anfangswerten solcher Gesteinspaare eine isotopische Verwandtschaft ausdrückt oder widerlegt.

Die anfänglichen Sr^{87}/Sr^{86}-Verhältnisse sind besonders für vulkanische Gesteine wichtig geworden. Sie erfüllen zwei Funktionen, indem sie einmal genetische Kenndaten für die jeweiligen Vulkanite darstellen und zum anderen Aussagen über das Herkunftsgebiet, den oberen Erdmantel, zulassen. Ausgehend von unserem Review der tertiären Kalium-Argon-Alter im Südwesten der Bundesrepublik konnten wir gezielt geeignete Gesteine heraussuchen und daran Rb, Sr, K und die Sr-Isotopenverhältnisse bestimmen. Das Probenmaterial stammte aus den Rheingraben-Randgebirgen, aus Kaiserstuhl, Hegau und Vogelsberg. Obwohl einige Gebiete typische Entwicklungstendenzen zeigen, wenn man die Sr^{87}/Sr^{86}-, Rb/Sr–, K/Rb-Verhältnisse vergleicht, sind die isotopischen Sr-Daten sehr einheitlich. 80% liegen im Bereich 0,7033 bis 0,7050 und somit im unteren Bereich des Werte-Intervalls für kontinentale Alkali-Vulkanite. Abb. 7 zeigt diese Ergebnisse im Vergleich mit früheren Ergebnissen anderer Autoren aus dem im Norden anschließenden Gebiet. Die Daten deuten darauf hin, daß die basaltischen Magmen, deren Differentiationsprodukte die untersuchten Gesteine sind, für die einzelnen Vulkangebiete gleichen Ursprungs waren und durch Aufschmelzen von Mantelmaterial entstanden sind. Eine Ausnahme macht der Katzenbuckel, bei dessen Gesteinen höhere Werte auftreten (0,7047–0,7059). Es kann ausgeschlossen werden, daß für die von uns bearbeiteten Gesteine Aufschmelzung oder Assimilation von sialischem Material in größerem Stil bei der Entstehung der Magmen eine Rolle spielten.

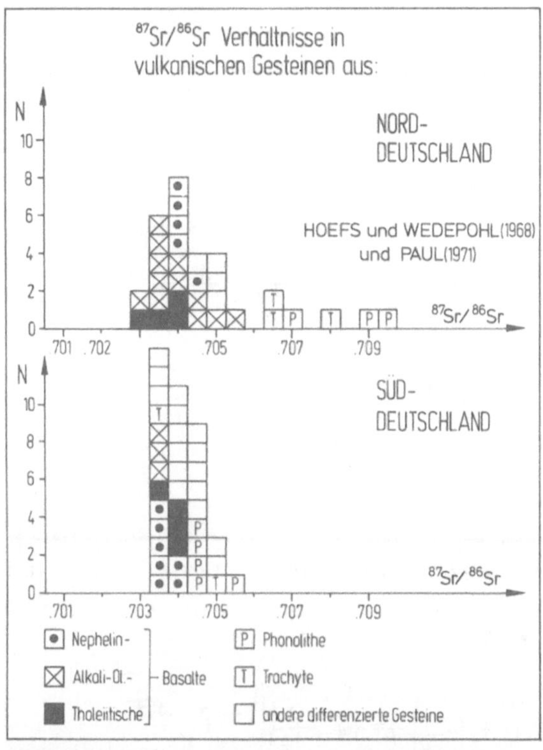

Abb. 7. Verteilung der initialen Sr^{87}/Sr^{86}-Werte von Vulkaniten tertiären Alters aus dem Südwesten der Bundesrepublik im Vergleich mit Ergebnissen anderer Autoren an ähnlichen Gesteinen im Norden des Landes

Wie Strontium tritt auch Blei in zwei Komponenten in Gesteinen auf. Die radiogene Komponente aus dem Zerfall der Uran-Isotope dient zur Zeitbestimmung, die anfängliche Komponente („gewöhnliches Blei") aus der Vorgeschichte des Gesteins kann als geochemische Kenngröße verwendet werden.

Zwar kleidet man die letztere oft in die Form einer Altersaussage (Bleientwicklungs-Modell-Alter), aber bessere Kenntnis der zugrundeliegenden Konstanten hat gezeigt, daß diese Art der Betrachtung am Wesentlichen vorbeiführt. Neben dem gewöhnlichen Blei von Erzen ist auch das der magmatischen Gesteine, welches am besten aus den Feldspäten abgetrennt werden kann, von Bedeutung. Für das Schwarzwälder Grundgebirge schien uns zunächst eine Bestandsaufnahme an den Bleiglanzen der Mineralgänge wichtiger zu sein.

Zirka 40 Proben wurden untersucht, die eine sehr geringe Variation der einzelnen Isotopenverhältnisse aufweisen (Abb. 8). Die Herkunft des Bleis dieser Erze kann noch nicht endgültig geklärt werden. Die Lage der Probenpunkte im Blei-Entwicklungsdiagramm zeigt zweifelsfrei, daß das Blei nicht in

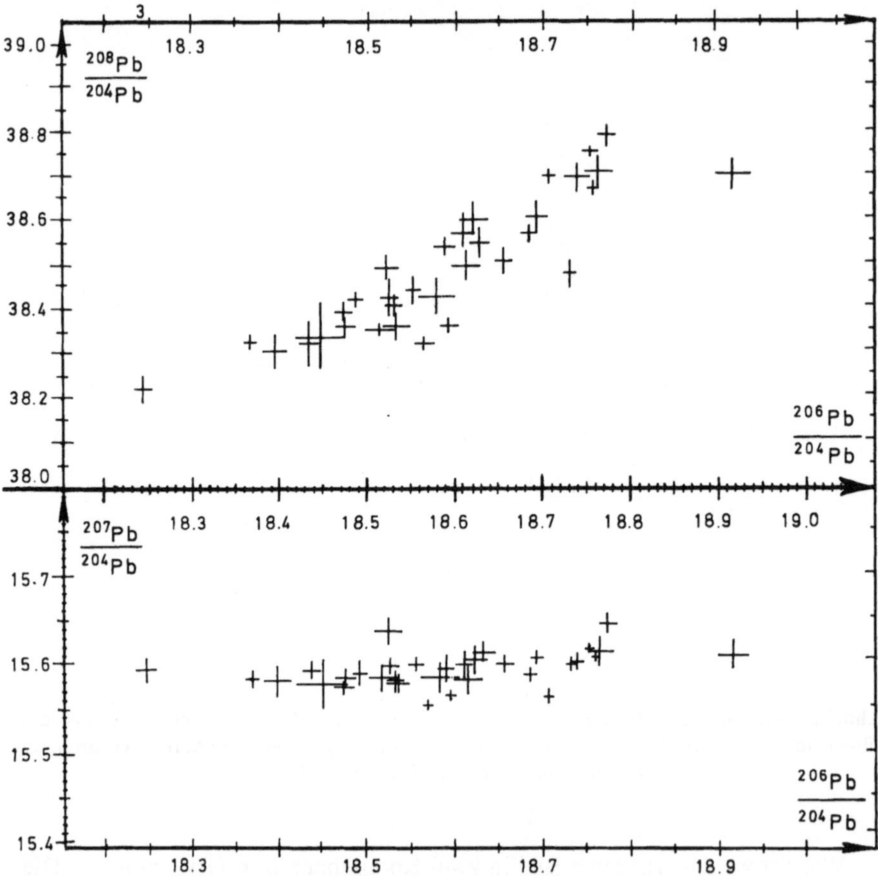

Abb. 8. Isotopische Zusammensetzung von Blei aus Bleiglanz des Schwarzwaldes und der Keuperbank in Württemberg. Die Anordnung der Punkte liefert einen Hinweis auf die präkambrische Vorgeschichte der Schwarzwaldgesteine

einer Stufe gebildet worden ist. Es handelt sich um Blei des J-Typs nach HOUTERMANS (1953). Das bedeutet, daß sich das U/Pb-Verhältnis in dem Ausgangsmaterial der Erzkomponenten zu einem bestimmten Zeitpunkt vergrößert haben muß. Betrachtet man die Proben kollektiv, dann läßt sich die Verteilung der Probenpunkte damit erklären, daß die letzte Stufe von ca. 2000 Ma bis 300 Ma gedauert hat. In anderen Worten bedeutet das, daß sich das Schwarzwälder Grundgebirge nicht unwesentlich aus ca. 2000 Ma alten Gesteinen herleitet. Für dieses Argument wurden von anderen Autoren auch Beweise in den Blei-Isotopenverhältnissen von ererbten Zirkonen aus Grundgebirgsgesteinen gefunden.

Einschlägige Arbeiten

Baranyi et al. (1976)
Brewer und Lippolt (1974)
Calvez und Lippolt (1977)
v. Drach und Lippolt (1974)
Lippolt et al. (1975c), (1976), (1977)

D. Spaltspuren-Geochronologie (MPI, G. A. Wagner)

Die Spaltspurenmethode hat sich in den vergangenen Jahren zu einem wichtigen geochronologischen Verfahren entwickelt. Im Heidelberger Max-Planck-Institut für Kernphysik stand dabei besonders die Anwendung dieser Methode auf die Temperaturgeschichte von Gesteinen im Vordergrund. Im Prinzip beruht die Spaltspurenmethode auf der Anreicherung anätzbarer Spuren, die die Fragmente der spontanen ^{238}Uranspaltung in Mineralien und Gesteinen hinterlassen. Werden alle Spuren seit der Mineralbildung gespeichert, läßt sich durch mikroskopisches Auszählen der Spuren das Bildungsalter des Minerals bestimmen. Wird das Mineral jedoch im Laufe seiner geologischen Geschichte erhöhten Temperaturen – etwa in einer Metamorphose – ausgesetzt, heilen die Spaltspuren aus. An einem Mineral mit solcher Ausheilungsgeschichte würde man durch eine Spaltspurendatierung das Alter des thermischen Ereignisses erhalten. Viele Minerale bilden sich und verweilen lange – z. B. in einem Granit – oberhalb der Temperaturen, bei denen Spaltspuren stabil sind. Erst bei der allmählichen Abkühlung werden die für die Erhaltung der Spaltspuren notwendigen Temperaturen erreicht. Das Spaltspurenalter an einem Mineral mit solch einer thermischen Geschichte ist ein Abkühlungsalter auf eine bestimmte Temperatur. Von ganz besonderer Bedeutung dabei ist, daß unterschiedliche Minerale jeweils die Abkühlung auf spezifische Temperaturen datieren. Alle geschilderten hypothetischen Fälle werden bei Spaltspurendatierungen angetroffen und hieraus erklären sich auch die vielfältigen Anwendungsmöglichkeiten des Verfahrens.

Im folgenden sollen zur Illustration zwei interessante Beispiele, das Nördlinger Ries und die Zentralalpen, herausgegriffen werden.

Das Nördlinger Ries ist einer der besterhaltenen Meteoriten-Einschlagskrater der Erde. Durch die Hitzeeinwirkung beim Einschlag wurden die Spaltspuren im Gesteinsuntergrund partiell oder vollständig ausgeheilt. An vollständig ausgeheilten Apatiten und Titaniten aus Grundgebirgsfragmenten wurde das Alter des Einschlags mit 14,8 Millionen Jahren gemessen. Dieses Alter stimmt gut mit K-Ar- und Spaltspurendatierungen an Riesgläsern überein (GENTNER und WAGNER, 1969). Darüber hinaus läßt sich aus dem Grad der Spurenausheilung und aus den bekannten Ausheileigenschaften von Zirkonen, Titaniten und Apatiten die Temperaturgeschichte der vom Einschlag betroffenen Gesteine rekonstruieren. Als besonders günstig für diese Untersuchungen erwiesen sich die Gesteine aus dem Bohrkern einer 1200 m tiefen Forschungsbohrung. Das sich aus der Spaltspuren-Analyse der einzelnen Gesteinseinheiten ergebende Temperaturprofil durchs Ries ist in Abb. 9 dargestellt. Die höchsten Temperaturen (520°–600°C) wurden für den Auswurfsuevit gefunden. Der durch den Einschlag erzeugte thermische Gradient war offensichtlich invers zum normalen geothermischen Gradienten gerichtet, was eine von oben wirkende Wärmequelle erfordert.

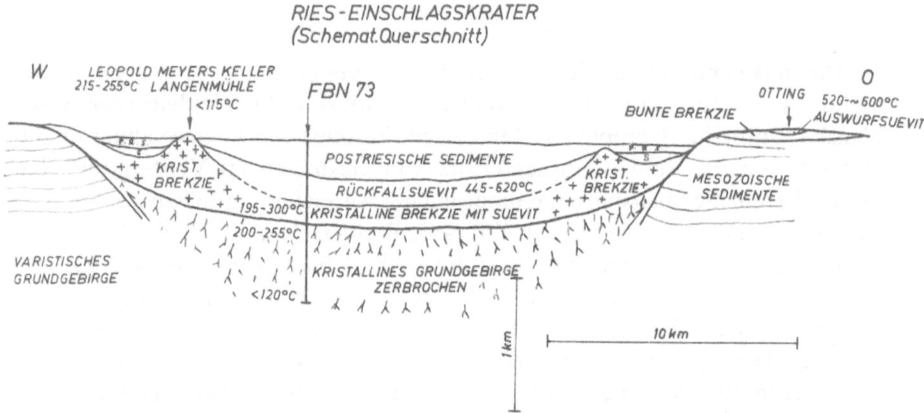

Abb. 9. Schematisches Temperaturprofil des Nördlinger Rieses aufgrund von Spaltspurendatierungen. Die Temperaturverteilung wurde durch den Einschlag eines großen Meteoriten vor 14,8 Millionen Jahren erzeugt

Das zweite Beispiel befaßt sich mit der Heraushebungsgeschichte der Zentralalpen. An Apatiten aus kristallinen Gesteinen des Simplonmassivs fiel auf (WAGNER und REIMER, 1972), daß die Spaltspurenalter mit zunehmender topographischer Höhe des Probenentnahmepunktes ansteigen. Diese Höhenabhängigkeit der Apatit-Spaltspurenalter muß die Heraushebungsgeschichte des Gebirges reflektieren. Denn in dem Maße, wie ein Gebirgsblock durch die 120°C-Isotherme hindurchgehoben wird, beginnt die temperaturabhängige Registrierung von Fragmenten der spontanen ^{238}U-Spaltung im Apatit. Die Geschwindigkeit und der zeitliche Verlauf der Heraushebung ist aus solchen Höhenabhängigkeitskurven der Apatit-Spaltspurenalter direkt erkennbar, wie für das Bergeller Massiv in Abb. 10 dargestellt. Die Heraushebung des Massivs war demnach anfänglich sehr schnell und hat sich vor 13 Millionen Jahren auf 0,22 mm/Jahr verlangsamt. Gerölle, die in oligozänen Sedimenten der Po-Ebene vorkommen und ursprünglich aus dem Bergeller Granit stammen, können aufgrund des an ihnen gemessenen Apatit-Spaltspurenalters in ihre ursprüngliche vertikale Position innerhalb der Bergeller Granitintrusion zurückversetzt werden: 6000 m über die heute im Bergell anstehenden Granite. Daraus läßt sich eine vertikale Ausdehnung dieses Granitstockes von ursprünglich mindestens 8 km berechnen. Das Paläo-Relief des Bergeller Granits hat im Oligozän (vor rund 25 Millionen Jahren) mindestens 1800 m betragen.

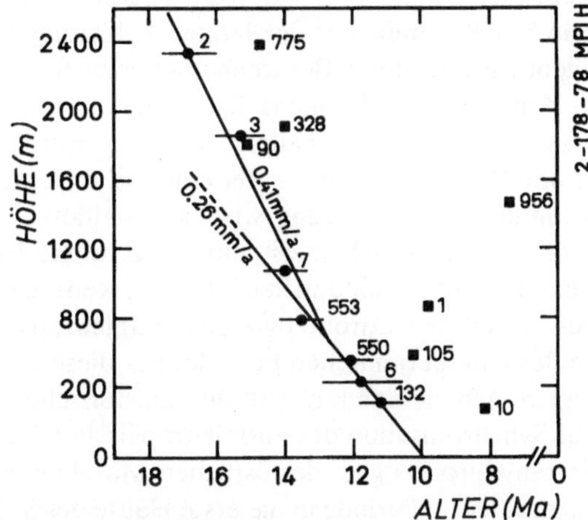

Abb. 10. Apatit-Spaltspurenalter (in Millionen Jahren) als Funktion der topographischen Höhe (in m über dem Meeresspiegel) des Probenentnahmeortes im Bergell (Zentral-Alpen). Der Anstieg der Kurve ist die erdgeschichtliche Heraushebungsgeschwindigkeit des Gebirges

Einschlägige Arbeiten

Miller und Wagner (1978)
Wagner (1979a)
Wagner et al. (1979b)

E. Archäometrie (MPI, G. A. Wagner)

In den vergangenen Jahren haben sich in der archäologischen Forschung in zunehmendem Maße naturwissenschaftliche Verfahren – insbesondere solche aus Physik, Chemie und Geowissenschaften – durchgesetzt. Damit verfügt heute die Archäologie über ein wesentlich erweitertes und verfeinertes Instrumentarium, um Eigenschaften wahrzunehmen, die sonst dem bloßen Auge bei der Betrachtung eines Objektes verborgen bleiben müßten. So können z. B. Alter, Herstellungstechnik und Handelsweg aus der stofflichen Analyse eines Artefakts erschlossen werden. Für die auf archäologische Fragestellungen angewandte naturwissenschaftliche Methodik wurde der Begriff „Archäometrie" geprägt. Am Max-Planck-Institut für Kernphysik in Heidelberg wurde seit 1974 mit Unterstützung durch die Stiftung Volkswagenwerk ein archäometrisches Laboratorium eingerichtet. Die Arbeiten in diesem Laboratorium konzentrieren sich im wesentlichen auf die Datierung und die chemische Analyse.

Bei der Datierung wird hauptsächlich das Thermolumineszenz-Verfahren benutzt. Dieses Verfahren eignet sich besonders gut für gebrannte Tonprodukte wie Keramikscherben, Ziegel und Öfen. Durch die Thermolumineszenzmessung bestimmt man die in der Keramik seit der letzten Erhitzung auf rund 500°C gespeicherte, radiogene Strahlendosis. Bei archäologischem Scherbenmaterial ist das in der Regel der Zeitpunkt des Brennens. Die Strahlendosisleistung kann aus den Uran-, Thorium- und Kaliumgehalten bestimmt werden, so daß aus gespeicherter Dosis und Dosisleistung das Alter einer Scherbe errechnet werden kann. Die Thermolumineszenz-Datierung wird auf vielfältige archäologische Probleme angewandt, wobei es sich meist um die zeitliche Einordnung von Fundmaterial unbekannter Altersstellung handelt. Eine weitere Fragestellung ist die Verbesserung der absoluten Chronologie des mitteleuropäischen Neolithikums, insbesondere der bandkeramischen Periode. Für diese Periode existieren mehrere Chronologien nebeneinander: (a) die „historische" oder „kurze" Chronologie, die auf Synchronisation des mitteleuropäischen Neolithikums und den historisch datierten Chronologien des östlichen Mittelmeerraumes beruht. Sie datiert die bandkeramische Periode in die erste Hälfte des 3. Jahrtausends v. Chr. (b) Die auf konventionellen C-14-Altern beruhende „lange" Chronologie datiert die bandkeramische Periode zwischen 3900 und 4500 v. Chr. (c) Die dendrochronologische Korrektur von C-14-Altern würde die bandkeramische Periode noch früher einstufen, nämlich zwischen 4700 und 5300 v. Chr. Dieses Dilemma kann durch unabhängige Datierungsverfahren gelöst werden, wobei die Thermolumineszenz-Methode aufgrund ihrer Altersgenauigkeit von ca. ±7% einen wichtigen Beitrag liefern kann. An Scherben der Mittleren Bandkeramik von der Aldenhovener Platte wurden Thermolumineszenz-Alter von 4740 (±440) v. Chr. gemessen. Diese Ergebnisse stützen eindeutig die langen C-14-Chronologien. Durch methodische Verbesserungen, insbesondere bei der

Dosimetrie, wird versucht, die Thermolumineszenz-Altersgenauigkeit weiter zu erhöhen, um auch noch zwischen den beiden C-14-Chronologien diskriminieren zu können. Ein Nebenprodukt der Thermolumineszenz-Datierung sind Echtheitstests an kunstgeschichtlich bedeutsamen keramischen Objekten.

Auf dem Kunstmarkt werden viele zweifelhafte Stücke angeboten, aber auch in die Museen haben viele gefälschte Objekte Einlaß gefunden. Hier bietet sich über einen Thermolumineszenz-Test die Möglichkeit, die Frage, ob echt oder gefälscht, unabhängig von stilistischen Kriterien zu entscheiden.

Das Spaltspurenverfahren, das hauptsächlich in der Geochronologie Verwendung findet, wurde für die Herkunfts- und Altersbestimmung von Obsidianwerkzeugen weiterentwickelt. Die Spaltspuren entstehen bei der Kernspaltung des Urans und können durch Anätzen mit Flußsäure im Obsidian sichtbar gemacht werden. Aus der Spaltspurenanalyse kann das geologische Alter und der Urangehalt eines Obsidians bestimmt werden. Aufgrund dieser Eigenschaften können die Rohstoffquellen von Obsidianartefakten identifiziert werden.

Für die zahlreich auf der ägäischen Insel Siphnos vorkommenden Abschläge und Werkzeuge wurde Milos als der einzige Obsidianlieferant erkannt. Eine interessante Beobachtung wurde an Obsidianwerkzeugen aus den südamerikanischen Anden gemacht: Die Obsidiane müssen während der Verarbeitung oder des Gebrauchs durch den prähistorischen Menschen so stark erhitzt worden sein (auf rund 300°C oder mehr), daß alle in geologischer Vorzeit gespeicherten Spaltspuren ausheilten, und die Spaltspurenuhr auf Null gestellt wurde. An solchen erhitzten Obsidianabschlägen wurde für den Werkplatz El Inga in Ekuador ein Spaltspurenalter von 2100 Jahren gefunden.

Im Mittelpunkt der analytischen Arbeiten stehen Silber und Blei im antiken griechischen Kulturraum, wobei besonders Herkunft und Handel und die Entwicklung der Gewinnungstechnik von Interesse sind. Seinen Ausgang nahm dieses Projekt von chemischen Untersuchungen an den Silbermünzen des Asyutschatzes, eines Horts von über 900 Münzen, der vor zehn Jahren in Ägypten aufgefunden wurde. Der Schatz muß um 475 v. Chr. vergraben worden sein. Die einzelnen, meist stark beschädigten Münzen stammen aus fast allen bekannten Prägestätten, vor allem Athen, Ägina, Korinth, Thasos, Sardes und anderen. Für die analytische Herkunftsbestimmung des Münzsilbers eignet sich dieser Schatz insofern besonders gut, weil alle Münzen aus der Anfangszeit der Silbermünzprägung im 6. und frühen 5. vorchristlichen Jahrhundert stammen. Die Wahrscheinlichkeit, daß durch Wiedereinschmelzen das Silber verschiedener Quellen vermischt wurde, ist deswegen als verhältnismäßig gering einzuschätzen. An 120 Silbermünzen, die der Untersuchung zur Verfügung standen, wurden 12 Spurenelemente und Nebenbestandteile bestimmt. Als Analysenverfahren wurden Neutronenaktivierung und Atomabsorptionsspektroskopie eingesetzt. Es wurden charakteristische chemische Münzgruppierungen gefunden, die allerdings nicht immer mit den numismatischen Gruppen übereinstimmen. Die Athener Münzen sind z. B. recht einheitlich zusammengesetzt. Dagegen streuen

die Ägina-Münzen chemisch stark, was – im Gegensatz zu Athen – auf mehrere
Silberquellen schließen läßt. Allerdings sind der Herkunftsbestimmung des
Münzsilbers durch chemische Korrelation mit Erzen Grenzen gesetzt. Denn,
erstens unterscheiden sich die Silbererze verschiedener Lagerstätten chemisch oft
nicht deutlich genug voneinander. Zweitens werden die Erze während der
Verhüttung durch Zuschläge, Schlackenabtrennung und Abrauchen chemisch
weitgehend verändert. Daher wurde neben der chemischen Zusammensetzung
auch die Blei-Isotopie analysiert. Diese Untersuchungen wurden in Zusammenarbeit mit dem isotopengeologischen Laboratorium an der Oxforder Universität
durchgeführt. Weil Silber häufig in Bleierzen vorkommt und aus diesen
gewonnen wird, bleibt Blei bis zu einigen Prozenten als Verunreinigung in vielen
Silbermünzen zurück. Die blei-isotopische Zusammensetzung hängt sehr empfindlich von Alter und Genese einer Lagerstätte ab, so daß auch innerhalb kleiner
geographischer Regionen sich die Einzellagerstätten oft hinreichend deutlich
voneinander unterscheiden. Während der Verhüttung wird die blei-isotopische
Zusammensetzung nicht verändert. Die Kombination von chemischer und
blei-isotopischer Analytik hat sich bei der Herkunftsbestimmung des Münzsilbers gut bewährt, wobei aus der chemischen Zusammensetzung häufig auch auf
die Gewinnungstechnik geschlossen werden kann. Auf der Suche nach den
möglichen Silberquellen der Alten wurden über 70 Bergwerke und Mineralvor-
kommen im Ägäischen Raum aufgesucht. Von besonderem Interesse waren
dabei die in historischen Schriften erwähnten Bergwerke Laurion in Attika, die
Kykladeninsel Siphnos, das Pangäon-Gebirge und die Insel Thasos in Nordgrie-
chenland.

In den einzelnen Gruben wurden Erz- und Schlackeproben für die mineralo-
gische, chemische und blei-isotopische Analyse entnommen. Außerdem wurden
die Gruben archäologisch untersucht, um die alten Bergbau- und Verhüttungs-
techniken zu erforschen und zu datieren.

Für die Herkunft des Münzsilbers aufgrund seiner chemischen und isotopi-
schen Beziehung zu den Erzen ergab sich u. a. folgendes: Alle untersuchten
Athener Münzen sind aus Silber der Attischen Bergwerke Laurions geprägt
worden. Die Münzen aus Ägina sind zum geringen Teil ebenfalls aus laurischem
Silber hergestellt worden. Als weitere Silberquellen Äginas sind Makedonien,
Euböa und Siphnos wahrscheinlich. Für die in archaischer Zeit große Handels-
macht Ägina wurde von archäologischer Seite immer wieder Spanien als
Silberherkunftsland postuliert. Allerdings ergeben sich dafür aufgrund der
chemischen und isotopischen Analysen keinerlei Hinweise. Spanisches Silber hat
offenbar auch in den anderen griechischen Prägestätten überhaupt keine Rolle
gespielt.

Durch die eingehende Untersuchung der schon von HERODOT im 5.
vorchristlichen Jahrhundert als besonders reich erwähnten Gold- und Silberberg-
werke auf der Kykladeninsel Siphnos hat sich das Projekt in letzter Zeit von der
Herkunftsbestimmung archaischen Münzsilbers deutlich in eine andere Richtung

verlagert. Der Beginn des siphnischen Bergbaus muß wesentlich früher gewesen sein als bisher angenommen wurde. C-14-Altersbestimmungen an Holzkohle, durchgeführt im C-14-Labor des Instituts für Umweltphysik, und Thermolumineszenz-Datierungen an keramischen Scherben ergaben Alter aus der ersten Hälfte des 3. Jahrtausends, rund zweitausend Jahre vor der archaischen Periode. Die hohen Alter stimmen gut mit archäologischen Datierungen an Scherben, Stein- und Obsidianwerkzeugen (in Zusammenhang mit dem Archäologischen Institut) überein, die bergbauliche Aktivitäten auf Siphnos für die frühkykladische Kultur belegen.

Diese Ergebnisse weisen erstmals nach, daß Blei und Silber in der frühen Bronzezeit im Ägäischen Raum abgebaut und im sogenannten Treibprozeß gewonnen wurden. Dies ist um so überraschender, als bisher die frühesten Spuren dieses metallurgischen Prozesses in Europa für Thorikos bei Laurion um 1500 v. Chr. nachgewiesen wurden. Blei und Silber, die in den ägäischen Kulturen etwa mit dem Beginn der frühen Bronzezeit auftreten, wurden bisher im wesentlichen als östliche Importe gedeutet. Dagegen zeigen die vorliegenden Ergebnisse, daß der Ägäische Raum eine viel aktivere Rolle bei der Entwicklung der Blei-Silber-Metallurgie gespielt haben muß als bisher bekannt war. Es ist auch denkbar, daß diese Entwicklung von hier ihren Ausgang nahm. Um die Fragen der frühen Blei-Silber-Metallurgie weiter zu verfolgen, ist die Ausdehnung dieser Untersuchung auf andere mögliche Bergwerke und auf Blei-Silber-Objekte der frühen Bronzezeit des Ägäischen Raums vorgesehen.

Einschlägige Arbeiten

Gentner et al. (1978)
Stadler und Wagner (1979)
Wagner (1976), (1978), (1979b)
Wagner und Bischof (1977)
Wagner et al. (1979a)

III. Atmosphäre

A. Regionale atmosphärische Mischung (IUP, K. O. Münnich)

Das Ausmaß der aktuellen anthropogenen Luftverschmutzung hängt – wie jedermann geläufig ist – neben der Intensität der Schadstoffquellen sehr stark von den meteorologischen Bedingungen ab (Smog-, Inversionslage). Der Witterungseinfluß wird in den Verfahren der sogenannten Ausbreitungsrechnung, die die Schadstoffkonzentration in der Luft aus der Quellstärke (z.B. des Schornsteins einer Industrieanlage oder eines Kernkraftwerkes) mit Hilfe meteorologischer Daten wie Windrichtung und -geschwindigkeit, Bedeckungsgrad etc. vorhersagt, nach standardisierten, semi-empirischen Verfahren entsprechend berücksichtigt. Zur Gewinnung besonders guter meteorologischer Daten haben z.B. die meisten Kernenergieanlagen eigene meteorologische Meß-Masten oder -Türme.

Wir selbst sind mit der Ausbreitungsproblematik seit 1976 stärker befaßt durch die Aufgabe, in einem vom BMI geförderten Forschungsprojekt herauszufinden, inwieweit sich von den Kernkraftwerken abgegebener Radiokohlenstoff in der Umgebung bemerkbar macht. Generell ist der Beitrag der Kernindustrie zum Kohlenstoff-14-Gehalt der Atmosphäre auch in der Umgebung der Kraftwerke noch klein gegen den langsam abnehmenden Beitrag der Kernwaffen-Testexplosionen vor etwa 20 Jahren und gegen den natürlichen, von der kosmischen Strahlung herrührenden C^{14}-Gehalt. Trotzdem hielt man die Durchführung einer detaillierten C^{14}-Studie für angezeigt, weil der Kohlenstoff-14 wegen der zentralen Stellung des Kohlenstoffs in den Lebensvorgängen von den verantwortlichen Strahlenbiologen mit besonderer Aufmerksamkeit betrachtet wird.

Das Problem ist komplex, einmal weil ein anderer anthropogener Effekt, nämlich die Zumischung von CO_2 aus der Verbrennung fossiler Brennstoffe, das zusätzliche C^{14} maskiert, denn Kohle und Erdöl enthalten, obwohl biologischer Herkunft, wegen ihres extrem hohen Alters kein C^{14} mehr, und Verbrennungsabgase reduzieren also das entscheidende C^{14}/C^{12}-Verhältnis im atmosphärischen CO_2 und damit auch in der von ihm abgeleiteten pflanzlichen und tierischen Substanz. Um unserer Aufgabe gerecht zu werden, mußten wir also zunächst einmal herausfinden, in welchem Maße das C^{14}/C^{12}-Verhältnis in der Umgebung eines Kernkraftwerkes, welches sich ja meist in der Nähe eines Ballungszentrums befindet, durch fossiles CO_2 *verringert* ist. Wir taten dies, indem wir unter Zugrundelegung von Daten der Brennstoff-Verkaufsstatistik die Quelldichte des Verbrennungs-CO_2 im wesentlichen der Bevölkerungsdichte proportional ansetzten und dann den jeweiligen Beitrag von Verbrennungs-CO_2 an der Probeentnahmestelle nach Methoden der Ausbreitungsrechnung bestimmten. Sofern stärkere Quellen von C^{14} auszuschließen sind, können nun die aus dieser Modellrechnung vorhergesagten Konzentrationen an fossilem CO_2 mit den aus der beobachteten Erniedrigung des C^{14}/C^{12}-Pegels direkt gemessenen Konzentrationen verglichen werden. Obwohl (jeweils für Wochen-Mittelwerte) nur relativ grobe meteorologische Daten aus dem allgemeinen Wetterbericht verwendet wurden, ergab sich recht gute individuelle Übereinstimmung zwischen Vorhersage und Messung, mit Maximalwerten von bis zu 10% Anteil von Verbrennungs-CO_2 an der gesamten atmosphärischen CO_2-Konzentration in einem ausgedehnten Gebiet mit hoher mittlerer Bevölkerungsdichte (etwa 500 pro km^2).

Dieses Ergebnis ermuntert uns, auch natürliche CO_2-Quellen in ähnlicher Weise zu modellieren, zumal sich zeigte, daß auch in einem dicht besiedelten Gebiet die natürlichen CO_2-Quellen (Atmung von Pflanzen bzw. Mikroorganismen beim Abbau organischer Substanz, sog. Bodenatmung) eher wirksam sind als die anthropogenen. Das heißt, daß z. B. mit Infrarot-Meßgeräten beobachtete Variationen in der atmosphärischen CO_2-Konzentration in erster Linie natürlichen Ursprungs sind. Wir wollen daher versuchen, aus längeren Zeitreihen der bodennahen atmosphärischen CO_2-Konzentration mit Hilfe von meteorologischen Daten (vor allem Wind und Strahlungshaushalt) auf den Kohlenstoffumsatz der Biosphäre (Pflanzendecke) zu schließen. Entsprechendes Zahlenmaterial über biogene CO_2-Flüsse ist im Hinblick auf das globale CO_2-Problem (anthropogener Anstieg des CO_2- und globale Erwärmung infolge des sogenannten Glashaus-Effektes) wichtig, denn man ist sich nicht ganz sicher, ob der beobachtete globale CO_2-Anstieg ausschließlich eine Folge der Verbrennung von Kohle und Öl ist oder ob nicht auch Veränderungen in der Biosphäre eine Rolle spielen.

Welch große Rolle die unterschiedliche Vertikalmischung in der untersten Atmosphäre für die gemessene CO_2-Konzentration spielt, zeigt sich z. B. in deren Tagesgang im Sommer: in einer klaren Nacht ist infolge der Wärmeausstrahlung die Luft in Bodennähe stabil geschichtet (Inversion), die vertikale Mischung ist sehr gering und die Bodenatmung läßt die CO_2-Konzentration deshalb beträchtlich ansteigen. Am Tage setzt dann Assimilation ein, weil aber gleichzeitig die Sonneneinstrahlung den Boden erwärmt, die Luftschichtung labil macht und schließlich zu einer hochreichenden Wärmekonvektion führt, bewirkt auch starke Assimilation nur ein geringes Absinken der bodennahen CO_2-Konzentration, weil infolge der Konvektion eine sehr dicke atmosphärische Schicht für die Entnahme von CO_2 zur Verfügung steht. Der starke Unterschied im vertikalen

Mischungswiderstand von über einer Größenordnung zwischen Tag und Nacht kann im Tages*mittel* zu einer Erhöhung der CO_2-Konzentration führen, obwohl der CO_2-*Fluß* im Tagesmittel natürlich auf die Pflanzendecke *zu*gerichtet ist und der Gesamtgehalt an atmosphärischem CO_2 ständig abnimmt, weil die Pflanzendecke ja erhebliche Mengen organischer Substanz aufbaut und den Kohlenstoff dafür der Atmosphäre entzieht.

Einen interessanten Vergleich ermöglichen geplante Messungen von atmosphärischem Radon-222 und seinen Folgeprodukten, die zur Strahlenbelastung der Lunge merklich beitragen. Hier ist ebenfalls der Boden die Quelle, die Quellstärke unterliegt geringeren zeitlichen Variationen (z.B. keine Tag/Nacht-Vorzeichenumkehr), aber der meteorologiebedingte vertikale atmosphärische Mischungswiderstand ist natürlich derselbe wie beim CO_2.

Eine Illustration der Komplexität des Problems einer etwaigen Strahlenbelastung der Bevölkerung durch C^{14} aus Kernkraftwerken ergibt sich aus der fiktiven Annahme, die Kraftwerke würden nur nachts C^{14} abgeben. Eine kontinuierliche Messung des atmosphärischen C^{14}-Pegels ergäbe dann wegen des starken nächtlichen Vertikalstaus hohe C^{14}-Werte im Tagesmittel ohne jede strahlenschutzmäßige Relevanz, weil die Strahlenbelastung fast ausschließlich über die Nahrungskette besteht und die Pflanzen nur tagsüber assimilieren und organische Substanz aufbauen.

Einschlägige Arbeiten

Dörr et al. (1980)
Levin (1978)
Levin et al. (1980)

B. Gasaustausch und Verdunstung (IUP, K. O. Münnich)

Die Frage, wie schnell Gase zwischen der Atmosphäre und dem Ozean oder einem Binnengewässer ausgetauscht werden, ist für die Lebensvorgänge in der Natur von mannigfacher Bedeutung. So muß z.B. der Sauerstoff, der im Wasser für die Oxidation von natürlicher oder anthropogener organischer Substanz benötigt wird, aus der Atmosphäre nachgeliefert werden. Weil nun konvektiver bzw. turbulenter Transport nur *innerhalb* jeder der beiden aneinandergrenzenden Phasen möglich ist, ist der Transfer durch die Phasengrenzfläche hindurch relativ langsam, denn er kann nur durch molekulare Diffusion erfolgen. Es bildet sich zu beiden Seiten der Grenzfläche eine statistisch stationäre molekulare Diffusionsschicht aus (typischerweise in der Luft etwa einen Millimeter und im Wasser etwa einen Zehntelmillimeter dick), und es hängt von der molekularen

Diffusionskonstante des betrachteten Gases im Wasser bzw. in der Luft und von seiner Löslichkeit im Wasser ab, welche Diffusionsschicht die transferbegrenzende ist: für normale Gase mit relativ geringer Löslichkeit in Wasser liegt der begrenzende Schritt in der Flüssigkeit, für gasförmige Substanzen mit hoher Löslichkeit (z. B. Wasserdampf in Wasser!) dagegen in der Gasphase. Der Transfer von markiertem Wasserdampf (z. B. HTO) ist also wie die Verdunstung gasphasenkontrolliert.

Die tatsächliche Dicke der beiden sogenannten viskosen Subschichten hängt von der Intensität der Turbulenz bzw. der Konvektion in den beiden Phasen ab. Zum Beispiel bewirkt der Scher-Impulstransfer vom Wind auf das Wasser, daß die Subschichten dünn werden, weil anderenfalls die Reynoldszahlen der Subschichten zu groß würden. Tatsächlich zeigt ein mit diesem Konzept von uns entwickeltes theoretisches Modell des Gasaustauschs gute Übereinstimmung mit den Laborexperimenten, solange die Wasseroberfläche als „aerodynamisch glatt" angesehen werden kann. Für die Experimente verwenden wir einen neuartigen ringförmigen Wind/Wasserkanal von etwa 50 cm Durchmesser, in dem der „Wind" durch eine über dem ringförmigen Wasserkanal rotierende Scheibe erzeugt wird. Das System hat den Vorteil, sehr kompakt zu sein, wegen der Rotationssymmetrie das Problem der Anlaufstrecke des Windes („fetch") zu vermeiden und das saubere Arbeiten mit reinen Substanzen in beiden Phasen zu erlauben. Bisher wurden Experimente zur Verdunstung und zur Isotopentrennung bei der Verdunstung durchgeführt, sowie zum Gasaustausch von CO_2 (Evasion) aus reinem Wasser. Dabei kann die Abnahme des CO_2 in der Flüssigkeit durch eine einfache Leitfähigkeitsmessung kontinuierlich verfolgt werden.

Die Experimente zeigen in Übereinstimmung mit der Theorie einen linearen Anstieg der Gastransferrate mit der Windgeschwindigkeit. Bei einer Windgeschwindigkeit von 8 Metern/Sekunde (gemessen 10 cm über der Wasseroberfläche) ergibt sich, gleichzeitig mit dem Auftreten stärkerer Kapillarwellen, ein Sprung in der Gasaustauschrate, die danach dann um ein Vielfaches steiler anwächst. Parallele Messungen des Impulstransfers vom Wind in die Flüssigkeit zeigen eine ähnliche Diskontinuität bei der kritischen Windgeschwindigkeit, die aber nach der Theorie der aerodynamisch glatten Grenzfläche nicht ausreicht, die stark anwachsende Gasaustauschrate allein zu erklären. Messungen der Neigungsverteilung der Wasseroberfläche mit einem gebrochenen bzw. reflektierten Laserstrahl sollen dazu dienen, die Rolle der Wellen beim Gasaustausch und beim Impulstransfer genauer zu untersuchen.

Ein wichtiger Zweck der Laborexperimente ist es auch, Feldmessungen des Gasaustausches (vgl. Beitrag I A) zu ergänzen und geeignete Modellvorstellungen zu liefern. In der Tat hat sich eine bilineare Form der Abhängigkeit des Gasaustausches von der Windgeschwindigkeit, wie sie das Laborexperiment nahelegt, auch für die Beschreibung der neuesten Messungen auf See gut bewährt. Es ist auch geplant, die Lasermethode zur Messung der Neigungsvertei-

lung der Wellen in Kürze auf einem · Binnensee, also unter natürlichen
Verhältnissen, einzusetzen und zu testen.

– Die Untersuchungen werden seit 1978 von der Deutschen Forschungsgemeinschaft gefördert.

Einschlägige Arbeiten:

Flothmann et al. (1979)
Jähne, Münnich (1979)
Jähne, Siegenthaler (1979)
Jähne et al. (1979)
Münnich, Flothmann (1975)
Tschiersch, Jähne (1979)

C. Kohlenstoff-14-Schwankungen in Baumjahresringen (Ak., K. O. Münnich)

Die C^{14}-Messungen an Baumjahresringen sind für die Kalibrierung der
C^{14}-Datierungsmethode von großer Bedeutung. Sie gewinnen aber darüber
hinaus auch zunehmend paläoklimatologische Signifikanz.

Die ersten Hinweise darauf, daß der C^{14}-Gehalt der Atmosphäre der
Vergangenheit nicht, wie bis dahin angenommen, konstant war, stammten aus
Heidelberger Messungen an dendrochronologisch (Prof. B. HUBER) datiertem
Holz. In der Folgezeit bestätigte sich, daß während der sogenannten kleinen
Eiszeit (von AD 1640–1710) der atmosphärische C^{14}-Gehalt um ca. 2 % anstieg.
Das Verhalten des atmosphärischen C^{14}-Gehaltes wurde dann vor allem an
datiertem amerikanischen Jahrringmaterial, das damals viel weiter zurückreichte
als das europäische, umfassender untersucht (H. E. SUESS). Professor SUESS,
University of California, San Diego, Korrespondierendes Mitglied der Heidelberger Akademie und gegenwärtig mit einem „Alexander von Humboldt-
Award" als Gast am Institut für Umweltphysik tätig, fand in verschiedenen
Zeitbereichen sogenannte „wiggles", d. h. relativ kurzdauernde C^{14}-Schwankun-
gen (80–200 Jahre). Die Richtigkeit seiner Messungen bzw. deren Interpretation
wurden mehrfach bezweifelt. Es schien uns daher angezeigt, diese Messungen mit
größerer Genauigkeit und an deutschem Jahrringmaterial (B. BECKER, Hohen-
heim), welches inzwischen auch ca. 8000 Jahre zurückreicht, zu überprüfen und
zwar in Kooperation mit einigen anderen C^{14}-Laboratorien, die sehr genaue
Messungen durchführen können. In der Tat wurde bereits in dem ersten
Zeitintervall (AD 250 bis 650), das wir untersuchten, ein solcher bis dahin
unbekannter „wiggle" gefunden. Ein anderer, von SUESS angegebener „wiggle"
(ca. 3200 BC) wurde inzwischen von A. F. M. DE JONG, Groningen, in Amplitude

und Frequenz bestätigt. Die paläoklimatologische Bedeutung der wiggles und der C^{14}-Variationen ganz allgemein liegt darin, daß eine offensichtliche Korrelation zwischen C^{14}-Gehalt und Klima bzw. Sonnenaktivität besteht, die, wenn auch in ihren Zustandekommen noch nicht verstanden, sich unzweifelhaft auf globales atmosphärisches bzw. geophysikalisches Geschehen bezieht. Sie liefert daher, auch im Gegensatz zu historischen Klimadaten aus dem Bereich vor dem Instrumentenzeitalter, eindeutige Zahlenwerte von globaler Bedeutung. Anders nämlich als z. B. bei den stabilen Isotopen (Deuterium oder auch Sauerstoff-18) in Baumjahresringen, die neuerdings als Paläoklimaanzeiger Bedeutung gewinnen, aber in erster Linie klimatische Faktoren am jeweiligen Standort des Baumes widerspiegeln, werden beim C^{14} diese lokalen Faktoren durch die begleitende Messung des stabilen Isotops Kohlenstoff-13 eliminiert.

Ganz neuerdings scheint sich übrigens auch eine eindeutige Korrelation der C^{14}-Variationen mit der mittleren Intensität des Baumringwachstums zu ergeben, die die klimatische Signifikanz der C^{14}-Schwankungen erweist und auch die oft geleugnete Beziehung zwischen Sonnenfleckenhäufigkeit und Klima wieder in die Diskussion bringt.

Einschlägige Arbeiten

Suess (1970)
Suess (1979)
Bruns et al. (1979)
Bruns et al. (1980)
de Jong et al. (1979)

D. Zusammenhang zwischen Klima und atmosphärischem Radiokohlenstoff (IUP, W. Rödel)

Versucht man, mögliche Zusammenhänge zwischen der Radiokohlenstoff-produktion in der Atmosphäre und dem Klima zu finden, so fallen folgende, mehr oder weniger gut gesicherte Korrelationen auf: Langfristige Schwankungen des Radiokohlenstoffs (Zeitskalen in der Größenordnung Jahrtausende) sind mit dem Erdmagnetfeld negativ korreliert; für die gleichen Zeiträume ist eine positive Korrelation zwischen Radiokohlenstoff und der Temperatur der unteren Atmosphäre wahrscheinlich; ein typisches Beispiel hierfür ist das sumerische Klimaoptimum vor etwa 5000–6000 Jahren. Umgekehrt findet man deutliche Anzeichen, daß mittelfristige Variationen des Radiokohlenstoffs (Zeitskalen in der Größenordnung Jahrhunderte) negativ mit der solaren Aktivität und negativ mit den Temperaturen der unteren Atmosphäre korreliert sind; typische

Beispiele hierfür sind das warme Klima im elften und zwölften Jahrhundert und die sogenannte „Kleine Eiszeit" im siebzehnten und achtzehnten Jahrhundert.

Die Modulation der Radiokohlenstoff-Produktion, für die die galaktische kosmische Strahlung verantwortlich ist, ist leicht zu verstehen: Eine Zunahme sowohl der irdischen magnetischen Dipolfelder als auch eine Zunahme der solaren Magnetfelder (in der Zeit hoher solarer Aktivität) schwächen die Intensität der galaktischen Strahlung und verringern damit die Radiokohlenstoff-Produktion (und umgekehrt). Die noch ausstehende Erklärung für den Zusammenhang zwischen diesen Größen, die die C^{14}-Produktion steuern, und den klimatischen Schwankungen könnte folgender, noch hypothetischer Mechanismus liefern: Sowohl Erdmagnetfeld als auch solare Aktivität modulieren den Fluß niederenergetischer solarer Protonen (mit Energien zwischen etwa dreißig und einigen hundert MeV); die oben erwähnten Beziehungen deuten auf eine positive Korrelation zwischen Bodentemperatur und solarem Partikelfluß hin (d.h. z.B. hohe Bodentemperaturen bei niedrigem Erd-Magnetfeld und bei hoher solarer Aktivität). Geladene solare Teilchen produzieren in der Hochstratosphäre Stickoxide, die ihrerseits den Ozon-Haushalt steuern: Stickoxide sind wirksame Katalysatoren für die Ozon-Destruktion. Mit hohen Stickoxid-Produktionen durch solare Partikel sind also niedrige Ozon-Konzentrationen verknüpft und umgekehrt.

Die Ozon-Konzentration beeinflußt ihrerseits wieder den Strahlungshaushalt. Es konnte abgeschätzt werden, daß eine Erniedrigung der Ozon-Konzentration in Schichten oberhalb etwa 30 km (entsprechend etwa dem 10 mbar-Niveau) eine Erhöhung der Temperatur der bodennahen Luftschichten zur Folge hat, ein Ozonanstieg in der Hochstratosphäre entsprechend eine Absenkung der Bodentemperatur (bei Änderung des Ozon-Pegels in tieferen atmosphärischen Schichten kehren sich die Verhältnisse um). Die möglichen Netto-Effekte wurden zu etwa 0,3 K bis 1 K für geographische Breiten zwischen etwa 60° und dem Pol abgeschätzt. Die Primär-Temperaturänderungen sind relativ gering; sie können jedoch (z.B. über eine Beeinflussung der Albedo) größere intra-atmosphärische Änderungen anstoßen und so den Anstoß zu stärkeren klimatischen Schwankungen geben.

E. Aerosole (IUP, W. Rödel)

Atmosphärische Aerosole sind luftgetragene Partikel mit Lineardimensionen zwischen etwa 10^{-3} und 10^2 μm und mit Konzentrationen zwischen einigen hundert Partikeln/cm³ in extremen Reinluftgebieten und einigen zehntausend Partikeln/cm³ in anthropogen beeinflußter, urbanisierter Umgebung. Submikroskopische Aerosole mit Lineardimensionen unter etwa 0,1 μm sind vom geophysikalischen Standpunkt her besonders interessant, weil die Aerosolbildung aus der Gasphase heraus, d. h. durch Kondensation von Gasreaktionsprodukten (z. B. von Sulfat bzw. Schwefelsäure, das durch Oxidation von Schwefeloxid entstanden ist), sich in diesem Größenbereich abspielt.

Im Institut für Umweltphysik laufen Arbeiten zur Messung der Größenverteilung submikroskopischer Aerosole, zur Anlagerung von Atomen und Ionen aus der Gasphase an schon vorhandene submikroskopische Partikel, zu Parametern der Kondensation selbst, zu den Umsatzraten der Konversion von Schwefeldioxid in Sulfat- bzw. Schwefelsäurepartikel und zur Chemie der Aerosole.

Submikroskopische Aerosole

Für die Größenklassifizierung der Aerosole, die auch die Voraussetzungen für die Bestimmung der Koeffizienten für die Anlagerung von Atomen und Ionen an Partikel schafft, werden zwei Verfahren erprobt. Das erste Verfahren beruht auf der teilchengrößenabhängigen Geschwindigkeit der Diffusionsabscheidung der Partikel in einer Diffusionsbatterie, die aus einer großen Zahl schmaler, paralleler Kanäle besteht (der thermische Diffusionskoeffizient variiert beispielsweise von $1{,}5 \cdot 10^{-6} \text{cm}^2/\text{sec}$ für Partikel mit $0{,}1\ \mu\text{m}$ Radius bis etwa $10^{-2} \text{cm}^2/\text{sec}$ für Partikel mit $0{,}001\ \mu\text{m}$ Radius). Bei dieser Meßmethode wird das Verhältnis der Teilchenzahlkonzentration vor und nach der Diffusionsbatterie als Funktion der Durchflußgeschwindigkeit mit Hilfe von Kondensationskernzählern gemessen. Diese Methode erweist sich allerdings als für atmosphärische Aerosole problematisch, da die Entfaltung der Durchlaß-Funktion bei den relativ glatten Aerosolgrößenspektren, wie sie in der Natur vorkommen, nicht notwendig eindeutig ist. Als Alternative wird die Entwicklung zweier elektrostatischer Abscheider vorangetrieben, von denen der eine eine größendifferentielle Abscheidung der Partikel auf einer Auffang-Elektrode erlaubt, und von denen der andere so ausgelegt ist, daß aus einem Gemisch von Teilchen unterschiedlicher Größe (polydisperses Aerosol) Partikel einheitlicher Größe im luftgetragenen Zustand (monodisperses Aerosol) extrahiert und für Anlagerungsuntersuchungen zur Verfügung gestellt werden. Die elektrostatischen Abscheider liefern im wesentlichen eindeutig interpretierbare Ergebnisse, haben aber den Nachteil, bei Partikelgrößen unterhalb einiger $10^{-2}\ \mu\text{m}$ nicht mehr einsetzbar zu sein.

Aerosolproduktion aus der Gasphase

Eine der wichtigsten Quellen der submikroskopischen Kondensationsaerosole ist die Schwefelsäure, die durch die Oxidation des Schwefeldioxids in der Atmosphäre entsteht. Für die Aerosolbildungsrate und für das Partikelwachstum in einer Wasserdampf und Schwefelsäuredampf enthaltenden Atmosphäre existiert eine Vielzahl von Theorien auf thermodynamischer und gaskinetisch-stochastischer Grundlage. Es war jedoch bisher nicht möglich, diese Theorien quantitativ zu prüfen und zu verwerten, da der wichtigste thermodynamische Parameter, der Sättigungsdampfdruck der Schwefelsäure, nicht bekannt war. Es gelang jetzt, in einem Isotopen-Austausch-Experiment den H_2SO_4-Sättigungs-dampfdruck zu $2,5 \cdot 10^{-5}$ torr bei 24 °C zu bestimmen: Zwei offene Reservoire mit Flüssig-Schwefelsäure unterschiedlicher isotopischer Zusammensetzung (ein Reservoir wurde zu Beginn mit $H_2^{35}SO_4$ geimpft) wurden in einen gemeinsamen geschlossenen Gasraum eingebracht; die Diffusion durch den Gasraum hindurch führt zu einem Anstieg der $H_2^{35}SO_4$-Konzentration in dem ursprünglich nicht markierten Reservoir. Da die Geschwindigkeit des Anstiegs eine lineare Funktion des Schwefelsäure-Partialdrucks ist, konnte dieser aus dem Anstieg bestimmt werden. Mit einem ganz analogen Tritium-Austausch-Experiment wurden die rein geometrischen Parameter des Austausches geeicht.

Ein für den Schwefelhaushalt wie für den Aerosolhaushalt gleich wichtiger Parameter ist die Rate des Umsatzes des atmosphärischen Schwefeldioxids durch Oxidation und durch Absorption am Boden. In einem isotopengeophysikalischen Experiment wird versucht, die Umsatzraten in situ über die Konzentration des natürlich radioaktiven Schwefelisotops S^{38} zu messen, das in der Atmosphäre von der kosmischen Strahlung durch Spallation im Argon produziert wird: Aus dem Verhältnis der S^{38}-Aktivität im Schwefeldioxid und im Sulfat kann direkt die Oxidationsrate bestimmt werden; aus dem Verhältnis der S^{38}-Aktivität im Schwefeldioxid und der Produktionsrate des Nuklids in der Atmosphäre kann die mittlere Lebensdauer des SO_2 abgeleitet werden. S^{38} konnte erstmals in atmosphärischem SO_2 bestimmt werden; die spezifische Aktivität des Nuklids ist mit etwa 10^{-3} dpm/m³ Luft sehr gering, so daß große Probenvolumina (bis ca. 1000 m³ Luft) und aufwendige kernphysikalische Methoden (Low-Level-β-γ-Koinzidenz-Technik) zur quantitativen Messung erforderlich sind.

Spurenelement-Konzentrationen in Aerosolen

Die absoluten und relativen Konzentrationen von Spurenelementen in atmosphärischen Aerosolen sind vom geophysikalischen Standpunkt her interessant, weil sie Informationen über die verschiedenen Quellen des Aerosols (natürlich-mineralisch, natürlich-maritim, anthropogen) liefern und eine Abschätzung des Beitrages der verschiedenen Quellen zum Aerosol-Haushalt ermöglichen.

Die Spurenelement-Konzentrationen werden mit der Methode der Neutronenaktivierungsanalyse sehr empfindlich gemessen. Wenige Stunden Probe-Sammelzeit mit einer tragbaren Filterbesaugungsapparatur ermöglichen die Analyse zahlreicher Elemente. Mit dieser Apparatur wurden Vergleichsmessungen zwischen den Stadtgebieten von Mannheim und Heidelberg und dem Umland durchgeführt, die während austauscharmer, nicht-advektiver Wetterlagen für typische anthropogene Leitelemente wie Br, Co, Sb u.a. in den Stadtgebieten um etwa einen Faktor zehn höhere Konzentrationen als im Umland ergaben, während bei Elementen typisch natürlichen Ursprungs (Na, K, u.a.) nur schwache Erhöhungen zu beobachten waren. Die gleiche Apparatur wurde später für Messungen in einem alpinen Reinluftgebiet (Arlberg-Gebiet, 2200 m über NN) eingesetzt. Hier lagen die gefundenen Konzentrationen um ein bis zwei Größenordnungen niedriger als in urbaner Umgebung. Typische Elementkonzentrationen im Aerosol bei den Messungen am Arlberg lagen bei etwa 40 ng/m³ für Fe (typische Werte in urbaner Umgebung: ca. 1500 ng/m³), bei etwa 15 ng/m³ für Zn (urban: ca. 400 ng/m³) und etwa 0,15 ng/m³ bei Mn (urban: ca. 30 ng/m³).

In Zusammenarbeit mit dem Physikalischen Institut Bern und dem Institut für Glaziologie und Hydrologie der ETH Zürich werden jetzt Untersuchungen über die Element-Konzentrationen in Gletscher-Bohr- und Schacht-Proben aus einem hochpolaren Gletscher im Monte-Rosa-Massiv (Colle Gnifetti, 4500 m über NN) durchgeführt. Mit dieser Arbeit soll die Element-Zusammensetzung und die Deposition der Aerosole in einem mitteleuropäischen Reinluftgebiet während der letzten hundert Jahre rekonstruiert werden; Ziele sind dabei einmal die Untersuchung der Mineralstaubfälle und die Abschätzung des Beitrags dieser Staubfälle zum mitteleuropäischen Reinluft-Aerosolhaushalt, zum zweiten die Rekonstruktion eines eventuellen Anstiegs typisch anthropogener Leitelemente.

Erste Ergebnisse aus der Analyse von Schachtproben liegen vor; die Proben umfassen u.a. einen starken Sahara-Staubfall und einen Staubfall unbekannter Herkunft. Typische Konzentrationswerte außerhalb der Staubhorizonte liegen bei etwa 40 µg/kg Niederschlag für Fe (in urbanisierten Gegenden ist typisch mit 1000 µg/kg zu rechnen), bei etwa 2 µg/kg für Zn (urbanisiert: typisch 300 µg/kg) und bei etwa 1,5 µg/kg für Mn (urbanisiert: 30 µg/kg); innerhalb der Staubhorizonte liegen die Konzentrationen um ein bis zwei Größenordnungen höher.

Einschlägige Arbeiten

Roedel et al. (1977 a)
Roedel et al. (1977 b)
Roedel und Junkermann (1978)
Junkermann et al. (1978)
Wagenbach et al. (1979)
Roedel (1979)

F. Ionisierte und neutrale Bestandteile in der mittleren Atmosphäre
(MPI, D. Krankowsky)

Mit dem Beginn der Weltraumforschung vor fast 20 Jahren hat die Erforschung der Atmosphäre eine stürmische Entwicklung durchgemacht. Raketen und Satelliten bieten die Möglichkeit, bis zu den äußersten Schichten der Atmosphäre vorzudringen und den Zustand und die zeitlichen Veränderungen aller atmosphärischen Regionen mit physikalischen Meßgeräten zu erfassen. Die neuen Technologien der Raumfahrt gestatten auch, höchst komplizierte automatische Meßgeräte in miniaturisierter Ausführung zu bauen. Die Erfassung und Verarbeitung der von diesen Geräten gelieferten Mengen physikalischer Meßdaten ist nur durch die parallel verlaufende Entwicklung der modernen elektronischen Rechenanlagen ermöglicht worden.

Am Max-Planck-Institut für Kernphysik werden seit mehr als 10 Jahren die chemische Zusammensetzung und die Dichte der atmosphärischen Gase und des ionosphärischen Plasmas mit Hilfe von Massenspektrometern auf Raketen und Satelliten untersucht. Im einzelnen ist die Auslegung der verwendeten miniaturisierten Massenspektrometer sehr unterschiedlich und hängt von den physikalischen Gegebenheiten in der Atmosphäre und den meßtechnischen Problemen ab, die sich in den verschiedenen Höhenbereichen ändern.

Oberhalb 120 km befindet sich die neutrale Atmosphäre im wesentlichen im Diffusionsgleichgewicht. Die Gase N_2, O_2, O, Ar und He zeigen Höhenverläufe, die der barometerischen Höhenformel folgen. Die ionisierte Komponente setzt sich bis etwa 200 km aus den Molekülionen NO^+ und O_2^+ zusammen, während oberhalb 200 km die Atomionen O^+, N^+ und H^+ vorherrschen. Daneben treten bis etwa 150 km gelegentlich Metallionen auf, z. B. Na^+, Mg^+, Si^+ und Fe^+, deren Ursprung wahrscheinlich extraterrestrischer Natur ist. Die Höhenprofile der einzelnen Komponenten zeigen Veränderungen in Abhängigkeit von der Zeit (Jahreszeit, Tag-Nacht), vom Ort (geographisch und geomagnetisch) und von bestimmten geophysikalischen Erscheinungen (Sonnenaktivität, magnetische Stürme, Nordlicht, Meteorschauer, Einfall energetischer Teilchen in die Atmosphäre). In diesem Höhenbereich, wo der Außendruck kleiner als 10^{-4} torr ist, können Massenspektrometer eingesetzt werden, die den im Laboratorium verwendeten Geräten entsprechen. Unterhalb 120 km wird die Teilchendichte dagegen so groß, daß die Spektrometer mit speziellen Pumpsystemen (z. B. Kryopumpen mit flüssigem Helium) betrieben werden müssen. Aufgrund der hohen Neutralgasdichte und der Anwesenheit vieler Spurenbestandteile wie z. B. O, O_3, CO_2, H_2O u. a. ist die Ionenzusammensetzung in diesen Höhen wesentlich komplizierter. Gerade massenspektrometrische Messungen haben in den letzten Jahren ergeben, daß in der D-Schicht komplexe chemische Prozesse ablaufen, die zur Bildung einer Reihe sekundärer Ionenarten führen. In bestimmten Höhen dominieren z.B. Wasser-Clusterionen $H^+ \cdot (H_2O)_n$, in anderen Höhen Metallionen wie Na^+, Mg^+, Al^+, Fe^+. Weiterhin existieren in diesem Höhenbereich negative Ionen, die aufgrund der hohen Neutralgasdichte durch Elektronenanlagerung an neutrale Gase im Dreierstoß erzeugt werden.

Positive Ionen in der D- und E-Schicht während einer Winteranomalie

Massenspektrometrische Messungen mehrerer Laboratorien haben gezeigt, daß die in der unteren E-Schicht (85–100 km) vorherrschenden Ionen NO^+ und O_2^+ in der D-Schicht (60–85 km) durch Protonenhydrate $H^+(H_2O)_n$ abgelöst werden. Die Protonenhydrate entstehen aus den Molekülionen NO^+ und O_2^+ durch eine komplizierte Kette von Ionen-Molekülreaktionen, bei denen Anlagerungsreaktionen von N_2, CO_2 und H_2O an Ionen eine besondere Rolle spielen. Diese Anlagerungsreaktionen wie auch die Rückwärtsreaktionen, die Abspaltung eines angelagerten Moleküls, sind stark temperaturabhängig und werden auch durch die Gasdichte beeinflußt, da es sich um Dreierstoßprozesse handelt. Die Häufigkeit und die Größenverteilung der Protonenhydrate zeigen daher Schwankungen, die von den atmosphärischen Bedingungen in der D-Schicht (Temperatur und Gasdichte) abhängen. Die eigentliche Bedeutung der Protonenhydrate, die auch als Wasserclusterionen bezeichnet werden, liegt in ihrer 10–100mal schnelleren Rekombination mit freien Elektronen, verglichen mit der Rekombination der Molekülionen NO^+ und O_2^+. Dadurch ist die Konzentration freier Ladungsträger in Höhen, wo Wasserclusterionen vorherrschen, stark erniedrigt.

Aus Beobachtungen der Radiowellenabsorption in der D-Schicht ist bekannt, daß im Winter häufig Tage auftreten, an denen eine besonders starke Absorption beobachtet wird. Das wird mit einer starken Erhöhung der Elektronendichten in Zusammenhang gebracht. Die Ursachen werden in einer Veränderung der Struktur und Dynamik der mittleren Atmosphäre (10–110 km) vermutet, sind aber im einzelnen noch nicht bekannt. Ziel einer größeren Raketenkampagne im Winter 1975/1976 war die Untersuchung eines solchen Winteranomalie-Ereignisses.

Die zwischen 70 und 120 km Höhe gewonnenen Daten der Heidelberger Massenspektrometer-Experimente B4-1 und B4-2 (Abb. 11) zeigen große Ähnlichkeit miteinander, unterscheiden sich jedoch erheblich von ungestörten Bedingungen. In der D-Schicht wurde eine Zunahme der Plasmadichte, der NO^+-Konzentration und der relativen Häufigkeit von Metallionen sowie eine Abnahme der relativen Häufigkeit von Clusterionen beobachtet. Hierdurch wird deutlich, daß die Erhöhung der Plasmadichten durch eine verstärkte Ionisation und eine gleichzeitig verminderte Produktion schnell rekombinierender Clusterionen aus NO^+-Ionen verursacht wurde. Im Höhenbereich um 90 km trugen auch Metallionen extraterrestrischen Ursprungs zur Plasmadichteerhöhung bei. Als Ursache für die erhöhte NO^+-Produktion ist sehr wahrscheinlich eine erhöhte

Konzentration von neutralem Stickoxid in Betracht zu ziehen. Die verringerte relative Häufigkeit von Clusterionen ist wahrscheinlich das Ergebnis einer Temperaturerhöhung, die zu einer Verlangsamung der Clusterionenbildung aus NO^+ führt. Darüber hinaus trägt natürlich auch die Erhöhung der NO^+-Produktion zu einer Abreicherung der Clusterionen bei.

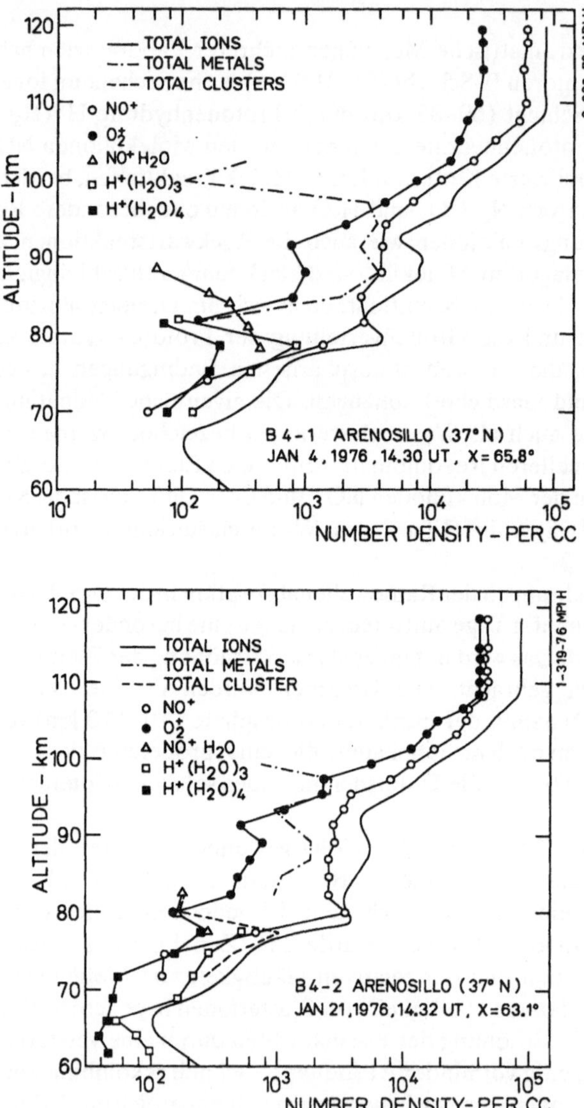

Abb. 11. Gemessene Dichten positiver Ionen während Winteranomalie-Bedingungen über Arenosillo (37°N) an zwei verschiedenen Tagen

Eine frühere bei Winteranomalie in 58° Breite durchgeführte Messung zeigte noch stärkere Abweichungen von ungestörten Bedingungen. Dort war NO^+ stärker erhöht und Clusterionen waren stärker abgereichert. Metallionen trugen nicht zur Plasmadichteerhöhung in der D-Schicht bei. Hauptursache war eine starke Erhöhung von neutralem Stickoxid. Eine Temperaturerhöhung, welche die Abreicherung von Clusterionen mit verursacht, wurde ebenfalls festgestellt.

Mit Hilfe dieser Ergebnisse gelang die Identifikation von drei für die Winteranomalie verantwortlichen Ursachen: Zunahme von Stickoxid, Temperaturerhöhung und Zunahme von Metallionen.

Negative Ionen in der Atmosphäre

In Höhen unterhalb von etwa 90 km entstehen durch Anlagerung von freien Elektronen an O_2-Moleküle im Dreierstoß O_2^--Ionen. Weitere Ionen-Molekül-

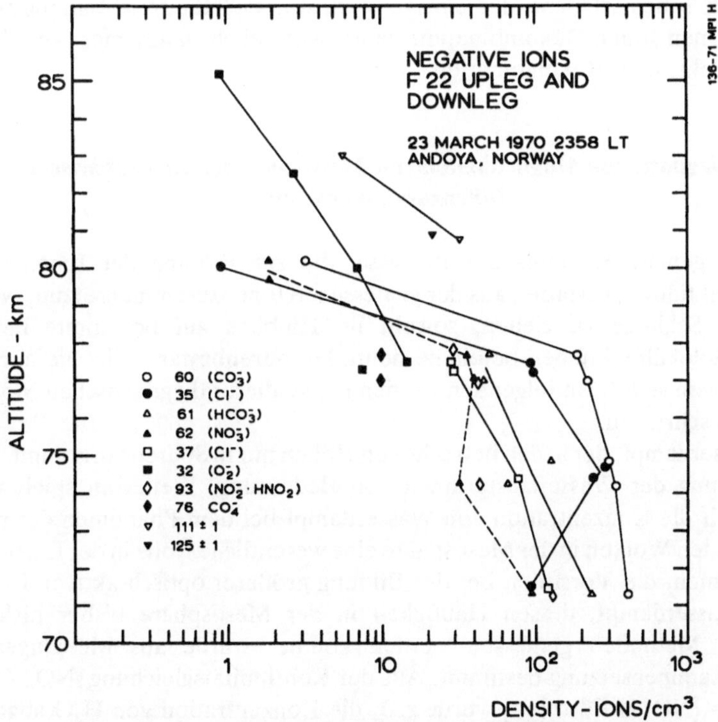

Abb. 12. Erste Messung negativer Ionen in der D-Schicht um Mitternacht

reaktionen mit in der Atmosphäre vorhandenen Gasen führen zur Bildung komplexer negativer Ionen. Nach einem von FERGUSON (1974) vorgeschlagenen Reaktionsschema sollten in dieser Kette von Reaktionen letzten Endes stabile NO_3^--Ionen entstehen, an die sich Wassermoleküle anlagern können, was zum Aufbau negativer Clusterionen der Form $NO_3^-(H_2O)_n$ führt. Die wenigen vorliegenden massenspektrometrischen Messungen atmosphärischer Ionen haben zum Teil widersprüchliche Ergebnisse gebracht. So fanden z. B. ARNOLD et al. (1971) die in Abb. 12 gezeigten negativen Ionen, während eine andere Gruppe (NARCISI et al. 1971) sowohl eine andere Zusammensetzung negativer Ionen wie auch einen unterschiedlichen Höhenverlauf der negativen Ionendichten feststellte. Teilweise können diese Diskrepanzen echt sein und auf eine starke Variabilität der negativen Ionenpopulation in der Atmosphäre zurückzuführen sein. Andererseits sind die meßtechnischen Probleme so groß, daß noch weitere intensive Untersuchungen notwendig sind zu einem vollständigen Verständnis der Prozesse, die zur Bildung der negativen Ionen führen. Eine Klärung dieser Fragen ist deshalb so interessant, weil mit abnehmender Höhe alle freien Elektronen aufgrund der hohen Gasdichte durch Dreierstoßanlagerung in negative Ionen übergeführt werden und daher das ionosphärische Plasma aus positiven und negativen Ionen besteht. Die Rekombination von positiven und negativen Ionen ist dann der einzige Verlustprozeß für freie Ladungsträger. Diese Ionen-Ionen-Rekombination läuft wesentlich langsamer ab als die Ionen-Elektronen-Rekombination.

Diagnostische Möglichkeiten von Messungen der atmosphärischen Ionenzusammensetzung

Eine genaue Kenntnis der Prozesse, die zur Bildung der Ionen in der D-Schicht führen, gestattet, aus der gemessenen Ionenzusammensetzung weitergehende Schlüsse zu ziehen, sowohl im Hinblick auf bestimmte bei den Ionen-Molekülreaktionen beteiligte neutrale Spurenbestandteile wie auch auf die Prozesse selbst. Im folgenden werden einige dieser diagnostischen Möglichkeiten beschrieben.

Wasserdampf, der in den betrachteten Höhen nur in Spuren vorkommt, ist für die Bildung der Wasserclusterionen von Bedeutung. Weiterhin spielt wahrscheinlich die Konzentration von Wasserdampf bei dem Phänomen der nachtleuchtenden Wolken in der Mesosphäre eine wesentliche Rolle in der Entstehung von Keimen, die Vorstufen bei der Bildung größerer optisch aktiver Teilchen sind. Wasserdampf, dessen Häufigkeit in der Mesosphäre bisher nicht mit direkten Methoden gemessen werden konnte, wurde aus Messungen der Ionenzusammensetzung bestimmt. Aus der Kontinuitätsgleichung $[NO^+ CO_2] k [H_2O] = [NO^+H_2O] \alpha [e^-]$ wurde z. B. die Konzentration von H_2O abgeleitet unter Verwendung der gemessenen Konzentrationen der Ionen NO^+CO_2 und

NO^+H_2O und der gemessenen Elektronendichte $[e^-]$. Der Reaktionskoeffizient für die Austauschreaktion, k, sowie der Koeffizient für dissoziative Rekombination mit Elektronen, α, sind aus Laboruntersuchungen bekannt. Für 2 Raketenaufstiege von Kiruna (Schweden) unter Sommerbedingungen ergab sich im Höhenbereich 85 bis 95 km ein Volumenmischungsverhältnis zwischen 4 und 6 ppm.

Auf ähnliche Weise konnten auch die Konzentrationen anderer schwer direkt zu messender Spurenbestandteile aus Ionenmessungen bestimmt werden, wie z.B. für H_2O_2 und für chlorhaltige Bestandteile.

Die Anlagerungsreaktion $NO^+ + N_2 + M \rightarrow NO^+ \cdot N_2 + M$ ist ein wichtiger Schritt im Aufbau der Wasserclusterionen. Diese Reaktion wie auch die Rückwärtsreaktion, das Aufbrechen des $NO^+ \cdot N_2$ Clusters, sind im Laboratorium sehr schwer zu messen, dies gilt insbesondere für die Temperaturabhängigkeit der Reaktion. Aus Messungen der atmosphärischen Ionenzusammensetzung, Gasdichte und Neutralgas-Temperatur konnte der Reaktionskoeffizient der Vorwärtsreaktion zu $K_+ = 2 \times 10^{-31} (300/T)^5 cm^6 sec^{-1}$ bestimmt werden. Der Wert für den Reaktionskoeffizienten der Rückwärtsreaktion wurde zu $3 \times 10^{-13} cm^3 sec^{-1}$ zwischen 210 und 220 K abgeschätzt. Dieses Ergebnis fand seine Bestätigung durch spätere Untersuchungen der Reaktion im Laboratorium.

Gasmessungen in der Mesosphäre und unteren Thermosphäre

Die Mehrzahl bisheriger massenspektrometrischer Messungen der Neutralgaszusammensetzung der hohen Atmosphäre war aus meßtechnischen Gründen auf Höhen oberhalb 120 km beschränkt. Unterhalb dieser Höhe ist der Gasdruck bereits erheblich größer als 10^{-5} torr und eine zuverlässige Funktion des Massenspektrometers nicht mehr gewährleistet. Die Gaszusammensetzung der unteren Thermosphäre (90 km) sowie der Mesosphäre (55–90 km) ist aber aus verschiedenen Gründen besonders interessant. Einerseits liegt in diesem Höhenbereich die Turbopause (100±10 km), das ist die Höhe, in der ein Übergang von turbulenter Durchmischung zur Entmischung aufgrund molekularer Diffusion erfolgt. Andererseits spielt sich in der Mesosphäre eine lebhafte Photochemie ab, die zu einer Reihe von Spurengasen führt, die bei Reaktionen von Photodissoziationsprodukten mit atmosphärischen Gasen oder auch bei Reaktionen mit Spurengasen gebildet werden. Diese Prozesse spielen in Höhen oberhalb 100 km wegen der kleinen Gasdichte praktisch keine Rolle. Die Bedeutung der Spurengase liegt in ihrer Strahlungsabsorption im Ultraviolett (O_3) und im Infrarot (H_2O, CO_2, O_3), sowie in ihrem Einfluß auf die Ionen- und Aerosolchemie. Außerdem spielen langlebige in der Thermo- und Mesosphäre erzeugte Spurengase in der Stratosphäre eine Rolle (NO). Unsere Kenntnisse der Gaszusammensetzung unter 120 km beruhen im wesentlichen auf theoretischen Modellen, während experimentelle Daten noch einen bescheidenen Rahmen einnehmen. In jüngster Zeit wurden mit Hilfe optischer, chemischer und massenspektrometrischer Experimente erste Daten gewonnen.

In den letzten Jahren wurde eine den schwierigen Meßbedingungen angepaßte Massenspektrometersonde entwickelt, die eine Simultanmessung von Neutralgas und Ionen erlaubt. Hierbei galt es, neben den bei Raketenflügen auftretenden allgemeinen meßtechnischen Schwierigkeiten folgende Probleme zu lösen:

- Vermeidung des sich vor dem Überschallflugkörper ausbildenden Verdichtungsstoßes. Das zwischen Stoßfront und Massenspektrometer in der Verdichtungszone befindliche Gas enthält einen hohen Anteil von Molekülen und Atomen, die Wandstöße erlitten haben. Die zu messenden reaktiven Gase können hierbei durch Oberflächenreaktionen verlorengehen bzw. neue können entstehen. Besonders massive Verluste treten bei atomarem Sauerstoff auf.
- Vermeidung von Wandstößen im Bereich der Ionenquelle.
- Vermeidung von Ionen-Molekül-Reaktionen der in der Ionenquelle gebildeten Ionen.
- Reduktion des durch dissoziative Ionisation von O_2 in der Ionenquelle gebildeten O^+.

Mit Hilfe dieser Massenspektrometer-Sonde konnte in den letzten Jahren eine Reihe von Messungen der Höhenprofile neutraler Gase im Höhenbereich 80 bis 120 km durchgeführt werden. Ein Beispiel solcher Messungen ist in Abb. 13 gezeigt.

Diese Ergebnisse wurden im Rahmen der schon erwähnten Winteranomalie – Raketenkampagne erhalten. Sie zeigen die Höhenverläufe der Hauptbestandteile N_2 und O_2 sowie des atomaren Sauerstoffs an zwei verschiedenen Tagen. Eine genaue Analyse der N_2- und O_2-Dichten zeigt wellenförmige Abweichungen von einem mittleren Modellprofil. Da die mittlere Atmosphäre im Zeitraum der Kampagne stark gestört war, spiegeln diese Strukturen zum Teil Irregularitäten wider, die durch räumliche und zeitliche Unterschiede atmosphärischer Wellen und Turbulenz erzeugt wurden. Der atomare Sauerstoff ist am 4. Januar 1976 stark angereichert im Vergleich zum 21. Januar 1976. Daraus läßt sich schließen, daß am 4. Januar ein verstärkter vertikaler Transport von atomarem Sauerstoff aus der Thermosphäre stattgefunden hat und daß der Abbau von O in niedrigeren Höhen durch Dreierstoßrekombination abgeschwächt war. Weitergehende Rückschlüsse aus dieser Art von Daten erhält man durch photochemische Modellrechnungen, die in vereinfachter eindimensionaler Form den vertikalen Transport photochemischer Bestandteile berücksichtigen. So läßt sich z. B. auch das Höhenprofil des turbulenten Diffusionskoeffizienten bestimmen.

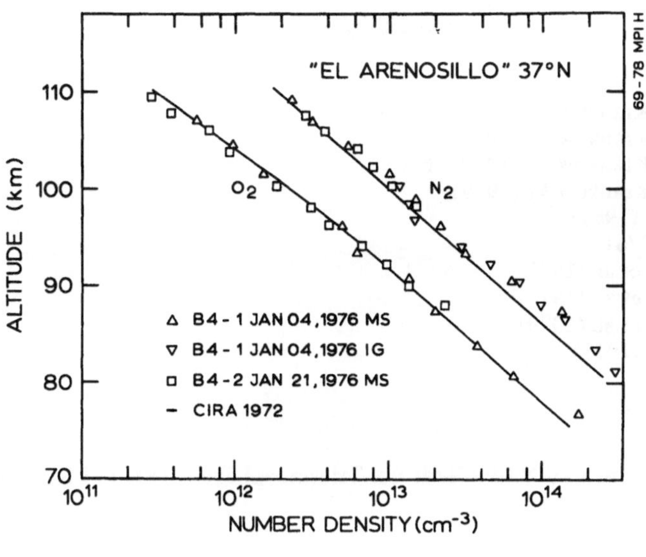

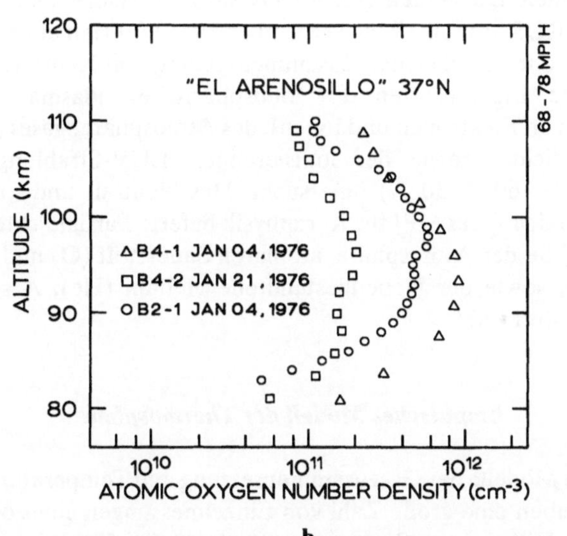

Abb. 13 a und **b.** Dichte-Profile der atmosphärischen Hauptbestandteile N_2 und O_2 **(a)** und des atomaren Sauerstoffs **(b)** während Winteranomalie-Bedingungen. Die gemessenen N_2- und O_2-Profile zeigen wellenförmige Abweichungen von Atmosphären-Modell-Dichten. Der atomare Sauerstoff ist am 4. Januar stark angereichert im Vergleich zum 21. Januar

Einschlägige Arbeiten

Arnold et al. (1971)
Arnold und Krankowsky (1971)
Arnold und Krankowsky (1974)
Arnold und Krankowsky (1977a, b, c)
Arnold und Krankowsky (1979)
Arnold et al. (1977)
Ferguson (1974)
Krankowsky et al. (1972)
Krankowsky et al. (1974)
Krankowsky et al. (1979)
Narcisi et al. (1971)

G. Struktur und Variabilität der Thermosphäre (MPI, P. Lämmerzahl)

Durch die Beteiligung des Max-Planck-Instituts für Kernphysik am Satellitenprogramm AEROS wurde umfangreiches Beobachtungsmaterial aus dem Höhenbereich oberhalb 200 km, verteilt über nahezu alle geographischen Breiten, gewonnen. Die beiden Satelliten AEROS-A (Dezember 1972–August 1973) und AEROS-B (Juli 1974–September 1975) führten ein aeronomisches Meßprogramm durch: außer der Zusammensetzung von Neutralgas und Ionen wurden weitere Eigenschaften des ionosphärischen Plasmas (Dichte und Temperaturen von Elektronen und Ionen), des Atmosphärengases (Temperatur, totale Massendichte) sowie der ionisierenden EUV-Strahlung der Sonne (Spektralbereich 160–1030 Å) untersucht. Das Neutral- und Ionen-Massenspektrometer (NIMS) des MPI für Kernphysik lieferte Partialdichten der beiden Hauptbestandteile der Atmosphäre, atomaren Sauerstoff (O) und molekularen Stickstoff (N_2), sowie der Nebenbestandteile Helium (He), Argon (Ar) und atomaren Stickstoff (N).

Empirisches Modell der Thermosphäre

Empirische Modelle der Gaszusammensetzung und Temperatur der Thermosphäre beschreiben eine große Zahl von Einzelmessungen eines oder mehrerer Satelliten mit Hilfe eines Satzes von wenigen Koeffizienten. Eine solche Darstellung ist für viele aeronomische Untersuchungen wie auch für raumfahrttechnische Anwendungen, die eine Kenntnis der durchschnittlichen neutralen Atmosphäre erfordern, hilfreich. Datenmengen, die zu verschiedenen Zeiten an unterschiedlichen Orten, bei verschiedenen solaren und geophysikalischen Bedingungen gewonnen wurden, können so untereinander verglichen und auf

NITROGEN, molecular

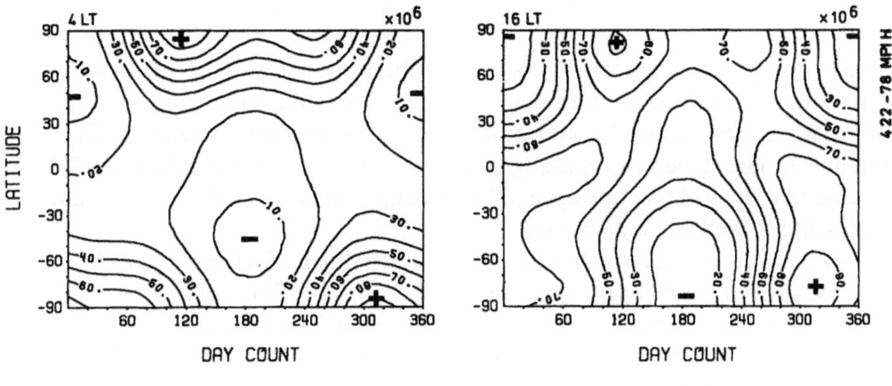

OXYGEN

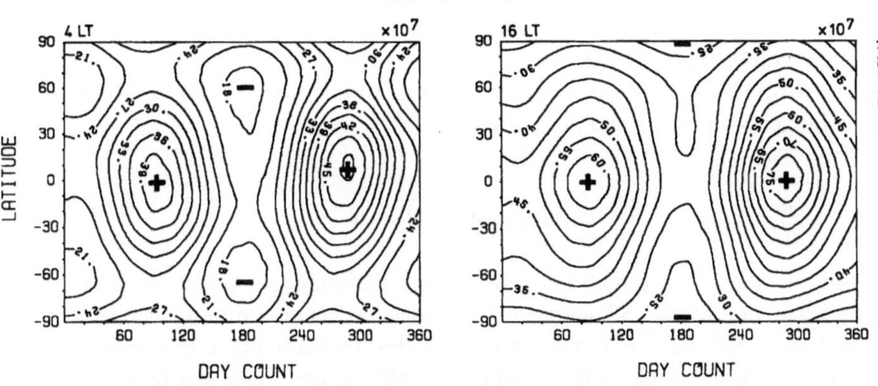

NITROGEN, atomic

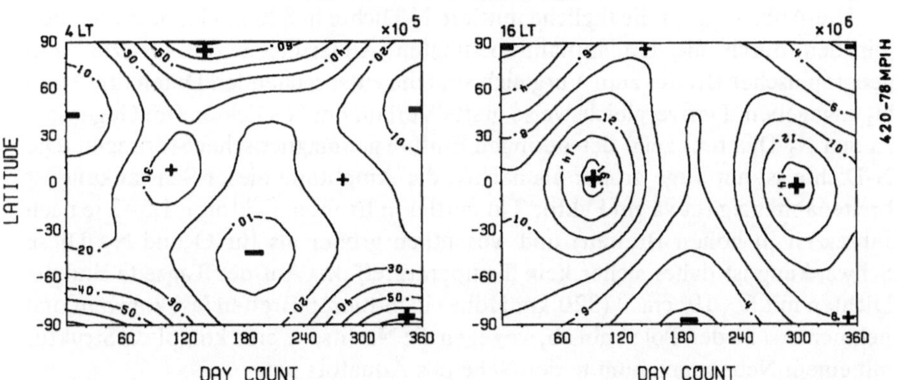

Abb. 14. Iso-Dichten von N_2, O und N in 300 km in Abhängigkeit von geographischer Breite und Tag des Jahres, nach dem AEROS-Modell

Konsistenz überprüft werden. Darüber hinaus können die Modelle zur Vorhersage benutzt werden, und sie erlauben Rückschlüsse auf die Natur der physikalischen Prozesse, die den Zustand der Thermosphäre kontrollieren. Durch Vergleiche mit der aus der Satellitenabbremsung erhaltenen Gesamtdichte und mit massenspektrometrischen Messungen anderer Satelliten wurden die mit AEROS gemessenen O- und N_2-Dichten im wesentlichen bestätigt. Für O besteht sehr gute Übereinstimmung innerhalb von 10%, während die mit NIMS gemessenen N_2-Dichten um etwa 20% niedriger sind, was aber immer noch innerhalb der Meßgenauigkeit liegt.

Das aus den Messungen beider AEROS-Satelliten erstellte Modell ist eine Entwicklung in Kugelfunktionen entsprechend dem OGO-6-Formalismus (HEDIN et al., 1974) und beschreibt die jahreszeitlichen Schwankungen der Dichten von He, N, O, N_2 und Ar (und der aus N_2 abgeleiteten Temperaturen) in dem Höhenbereich von 220 bis 550 km für die Ortszeiten 04.00 und 16.00 Uhr. Es repräsentiert relativ ruhige solare Bedingungen ($\overline{F}_{10,7} = 80$) in der Nähe des Minimums der Sonnenfleckenaktivität und schließt auch geomagnetisch gestörte Bedingungen bis Kp = 4 ein.

Die Abb. 14 zeigt als Beispiel die jahreszeitlichen und breitenabhängigen Verteilungen von N_2, O und N in 300 km Höhe.

Atomarer Stickstoff

Die in den Neutralgas-Massenspektren gefundenen unerwartet großen Signale auf der Masse 30 wurden als atmosphärischer atomarer Stickstoff N identifiziert, der sich in der Ionenquelle des Instruments mit oberflächlich adsorbierten Sauerstoffatomen zu Stickoxid NO verbindet (MAUERSBERGER et al., 1975). Der atomare Stickstoff zeigt eine ausgeprägte Tag/Nacht-Variation, reagiert aber nur schwach auf geomagnetische Aktivität.

Die Abb. 15 zeigt die tägliche mittlere N-Dichte in 320 km Höhe zusammen mit den durch die Umlaufbahn bedingten Änderungen von Ortszeit und geographischer Breite; zum Vergleich sind die entsprechenden Daten für O und N_2 angegeben. Der vergleichsweise glatte Verlauf der N-Dichten (im Gegensatz zu den N_2-Dichten) zeigt den geringen Einfluß geomagnetischer Störungen. Die N-Dichte ist am Tage größer als nachts; die Amplitude dieser Schwankung ist breitenabhängig (etwa ein Faktor 7 in mittleren Breiten, Faktoren 1,5–3 je nach Jahreszeit in hohen Breiten) und wesentlich größer als für O und N_2. Diese Schwankung ist daher sicher kein Temperatureffekt. Auf der Tagseite sind die Dichten mit $5 \cdot 10^6$ cm^{-3} (320 km Höhe) in mittleren Breiten fast konstant und nehmen erst zu den Polen hin ab, wogegen die Nachtseite eine komplexe Struktur mit einem Nebenmaximum in der Nähe des Äquators hat.

Eine Erklärung für die globale Verteilung des atomaren Stickstoffs ist sicher in einem Zusammenwirken der photochemischen und ionenchemischen Bil-

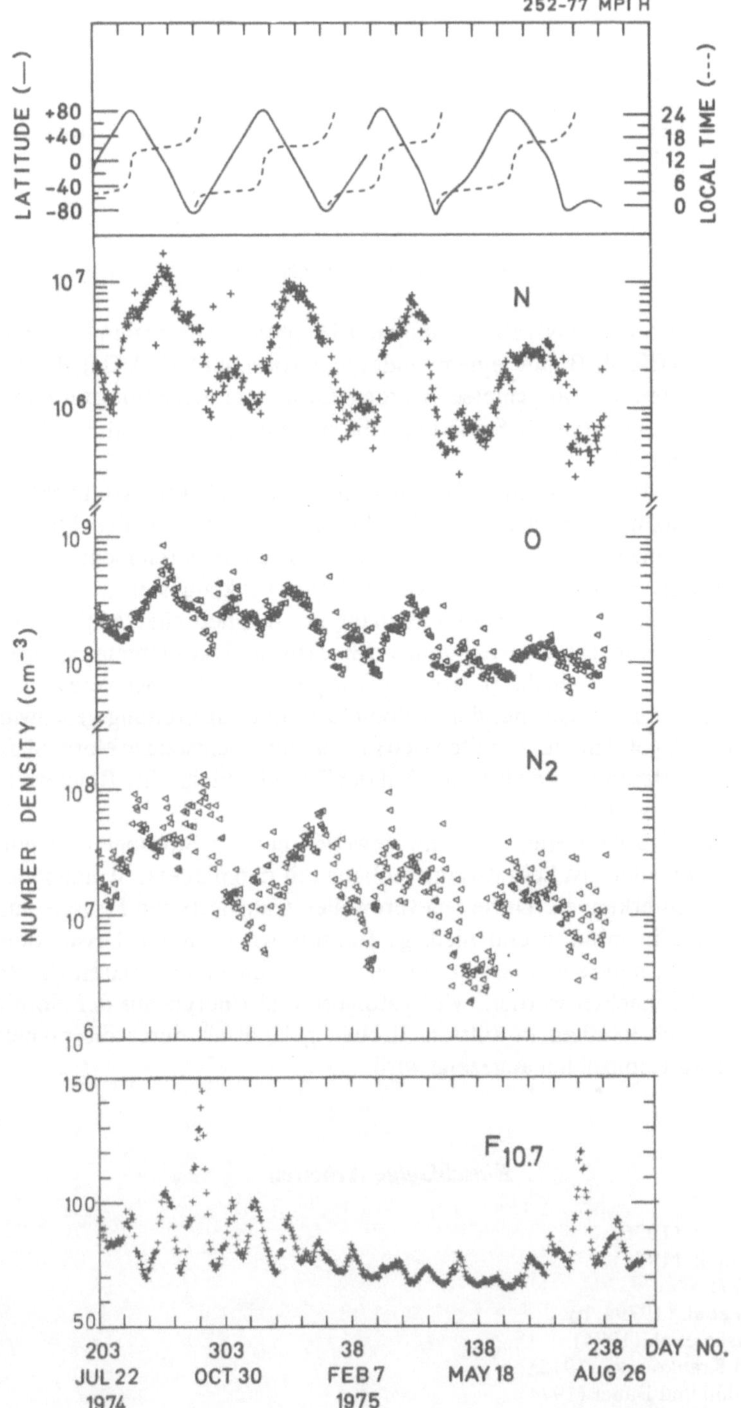

Abb. 15. Variation der Tagesmittel der Dichten von N, O und N_2 in 320 km Höhe, bei gleichzeitiger Änderung von Breite, Ortszeit und solarer Strahlung

dungs- und Verlustprozesse für N mit großräumigen Transportvorgängen zu suchen. Ein globales physikalisches Modell hierfür steht noch aus.

Atmosphärische Schwerewellen

Gleichzeitig mit der NIMS-Messung der Dichten der neutralen Bestandteile konnte auf AEROS-B mit einem anderen Experiment (NATE) die lokale kinetische Gastemperatur gemessen werden. Gaszusammensetzung und -temperatur zeigen häufig räumliche Strukturen, die charakteristisch für atmosphärische Schwerewellen sind.

Typisch ist die beobachtete Gegenläufigkeit der Phasen von Dichte- und Temperaturmaximum, was eine starke Abweichung vom lokalen Diffusionsgleichgewicht anzeigt und mit den Vorhersagen einer vereinfachten Theorie atmosphärischer Schwerewellen (HINES, 1960) in Einklang steht.

Diese Wellen werden in Zusammenhang mit magnetischer Aktivität in der Nordlichtzone beobachtet. Ihre räumliche Struktur und Ausdehnung spiegelt die zeitlichen Veränderungen des polaren Elektrojets wider. Die Schwerewellen mit Wellenlängen von einigen hundert Kilometern und Ausbreitungsgeschwindigkeiten von $100-300$ m sec^{-1} breiten sich nur auf der Nachtseite in Nord-Südrichtung bis zu mittleren Breiten hin aus. Auf der Tagseite bleibt ihre Reichweite auf hohe Breiten begrenzt.

Während das Auftreten der Schwerewellen gut mit Störungen im polaren Elektrojet korreliert, ist kein Zusammenhang mit den planetaren magnetischen Kennzahlen zu erkennen. Diese Schwerewellen transportieren Energie aus der Nordlichtzone in mittlere und niedrige Breiten, wo sie durch Dissipation zur Aufheizung der neutralen Gase beitragen. Da Störungen im polaren Elektrojet sehr häufig beobachtet werden, wird gefolgert, daß Energie aus der Nordlichtzone wesentlich häufiger in mittlere Breiten gelangt als durch die planetaren magnetischen Kennzahlen angezeigt wird.

Einschlägige Arbeiten

Chandra et al. (1976)
Chandra et al. (1979)
Joos (1977)
Köhnlein et al. (1979a, b)
Krankowsky et al. (1974)
Lake und Krankowsky (1975)
Lämmerzahl und Bauer (1974)
Lämmerzahl et al. (1979)
Roemer et al. (1979a, b)
Trinks et al. (1977)

IV. Planetensystem

A. Kosmochronologie (MPI, T. Kirsten)

Der radioaktive Zerfall von langlebigen Nukliden verschiedenster Halbwertszeit bildet die Grundlage der Kosmochronologie. Aus mit dem Zerfall von Isotopen des Rhenium, Uran, Thorium, Kalium, Rubidium, Plutonium und Jod verbundenen Beobachtungen vieler Autoren konnte auf ein *mittleres* Elementalter von ~11 Milliarden Jahren geschlossen werden. Genauere Daten sind abhängig vom zeitlichen Verlauf der Kernsynthese. Vorläufige Hinweise auf eine Intensitätsabnahme der Nuklidproduktion mit fortschreitender Zeit sind noch nicht quantitativ genug.

Die Beobachtung der Zerfallsprodukte von ausgestorbenen Radionukliden (Pu^{244}, I^{129}) insbesondere in Meteoriten erlaubt den Schluß, daß noch 150 Millionen Jahre vor der Formation des Sonnensystems Elemente, die mit einigen Prozenten an seinem Aufbau beteiligt sind, produziert wurden, wahrscheinlich in einer Supernova in einem Spiralarm unserer Galaxis. Die Formation des Sonnensystems erfolgte vor 4,6 Milliarden Jahren, und zwar innerhalb von 5–10 Millionen Jahren. Die interne Entwicklung der Planeten ist durch Isotopie- und Altersbestimmungen an Gesteinen zeitlich festgelegt. Meteoritenmutterkörper erkalteten i.a. unmittelbar nach ihrer Bildung, jedoch sind in Einzelfällen tiefgreifende thermische Metamorphosen (noch vor 1,3 Milliarden Jahren) nachgewiesen. Die primäre Krustendifferentiation des Mondes war vor 4,4 Milliarden Jahren abgeschlossen, Gesteinsbildung erfolgte vorwiegend durch exogene Prozesse zwischen 4,4 und 3,7 Milliarden Jahren und durch endogene (evtl. exogen getriggerte) Prozesse, die zwischen 3,1 und 3,9 Milliarden Jahre zurückliegen. Im folgenden werden exemplarisch einige Beiträge des Max-Planck-Instituts zu dem angesprochenen Themenkreis beschrieben.

Methodik der Altersbestimmung

Das Ziel von Altersbestimmungen ist es, die Folge von Ereignissen in einer absoluten Zeitskala darzustellen. Dazu benötigt man Uhren, die entweder durch das zu datierende Ereignis auf Null gestellt werden und zu laufen beginnen oder deren Zeigerstand heute und zur Zeit des Ereignisses ablesbar ist. In der Natur existieren viele solcher Uhren. Zum Beispiel zerfällt das radioaktive K^{40} mit einer Halbwertszeit von 1250 Millionen Jahren unter anderem in Ar^{40}. Solange das Kalium in einer Schmelze vorliegt, kann das gasförmige Tochterprodukt entweichen, und die K-Ar-Uhr steht. Nachdem die Schmelze abgekühlt ist, akkumuliert das Zerfallsprodukt Ar^{40} in dem entstandenen Gestein. Mißt man im Labor die angesammelte Menge des radiogenen Argons und die Kalium-Konzentration in der Probe, so kann man unter Berücksichtigung der Halbwertszeit den Zeitpunkt der Gesteinsbildung errechnen. Durch späteres Erwärmen und damit verbundenen teilweisen Gasverlust kann die Zeitangabe dieser Uhr jedoch verfälscht werden.

Diese Schwierigkeit kann man lösen, indem man eine andere im Institut angewandte Analysentechnik, die sogenannte Ar^{39}-Ar^{40}-Technik, heranzieht. Man nutzt aus, daß ein natürliches Gestein im allgemeinen aus verschiedenen Mineralkomponenten besteht, die Argon mit unterschiedlicher Retentivität im Kristall binden. Zunächst wandelt man mit schnellen Neutronen in einem Kernreaktor über die Reaktion $K^{39}(n, p)Ar^{39}$ einen Teil des Kaliums in Argon um und unterwirft dann die Probe einer stufenweisen Entgasung. Berechnen wir nun für jede einzelne Entgasungsstufe das Alter aus dem gemessenen radiogenen Ar^{40} und dem künstlich erzeugten Ar^{39}, welches ja dem Kaliumgehalt des entgasten Mineralbereichs proportional ist, so zeigen sich ab einer bestimmten Temperaturfraktion konstante Alter. Die scheinbar jüngeren Alter der niedrigeren Temperaturfraktionen, also der weniger retentiven Phasen, sind vorgetäuscht, z.B. durch thermische Belastung in der Vergangenheit. Lassen sich ab einer bestimmten Entgasungstemperatur keine konstanten Alter finden, so ist das Gestein für eine Altersbestimmung ungeeignet.

In ihrer Grundlage äquivalent ist die im Institut zusammen mit J. SHUKOLJU-KOV entwickelte Xe-Xe-Datierungstechnik. Sie beruht auf der unterschiedlichen isotopischen Zusammensetzung von natürlichen U^{238}-Spaltxenon (Xe_{sf}) und Xenon, das bei der neutroneninduzierten Spaltung von U^{235} produziert wird (Xe_{nf}). Zusammen mit der zu untersuchenden Probe wird ein Monitor bekannten Alters bestrahlt und analysiert. Das gesuchte Alter kann dann ausschließlich aus Isotopen*verhältnissen* und ohne Kenntnis der umstrittenen U^{238}-Zerfallskonstanten und Xe_{sf}-Ausbeute berechnet werden. In Analogie zur Ar^{39}-Ar^{40}-Technik werden durch stufenweises Erhitzen der Probe intermediäre Gasverluste erkennbar.

Zur Untersuchung der praktischen Anwendbarkeit der Methode wurden U-Oxide, REE-Phosphate, Ta-Niobate, Zirkone und Apatite datiert (SHUKOL-JUKOV et al., 1974).

Die Konkordanz der aus verschiedenen Isotopenpaaren berechneten Alter belegt die innere Konsistenz der Methode. Das mittlere Alter der Hochtemperaturfraktionen stimmt mit dem bekannten U-Pb-Alter überein, während in den 1400°C und 1600° Fraktionen Xe_{sf}-Verluste erkennbar werden.

Eine vorläufige Bewertung der Methode ergibt, daß Proben mit bis zu einigen % U-Gehalt gut datiert werden können, daß die Grenze der Methode jedoch bei alten Proben mit hohen U-Gehalten liegt. Bevor sie zu einer Routinetechnik werden kann, sind jedoch systematische Untersuchungen ähnlich wie bei der Ar^{39}-Ar^{40}-Technik (Rückstoß-Effekte, Strahlenschaden-Einfluß und spezifische Retentionseigenschaften verschiedener Minerale) notwendig.

Jod-Xenon-Datierung ausgewählter gewöhnlicher Chondrite

Seit Reynolds den Zusammenhang von überschüssigem Xe^{129} in Meteoriten mit jodhaltigen Phasen zeigen und damit Xe^{129} als Zerfallsprodukt des im r-Prozeß gebildeten, heute ausgestorbenen I^{129} ($T_{1/2} = 17$ Mill. Jahre) identifizieren konnte, hat sich die I-Xe-Datierungsmethode als die beste Methode erwiesen, kleine Zeitunterschiede in der Entstehungs- und Konsolidierungsphase des Sonnensystems aufzulösen. Es ist aber noch immer ungeklärt, warum die I-Xe-Alter von Steinmeteoriten, die den Beginn der Xe-Retention bestimmen, nicht mit den petrologischen Klassen der Chondrite korreliert sind. Dies wäre zu erwarten, weil der petrologische Typ im Schema von VAN SCHMUS und WOOD den Metamorphisierungsgrad und damit die Dauer der Auskühlung der Mutterkörper beschreibt. Wir haben deshalb I-Xe-Alter für eine Reihe sorgfältig ausgewählter Meteorite verschiedener petrologischer Typen bestimmt, wobei geschockte oder verwitterte Meteorite vermieden wurden. Benutzt wurde die bekannte Methode der Neutronenaktivierung, wobei stabiles I^{127} über die Reaktion $I^{127}(n, \gamma) I^{128} \xrightarrow{25\ min} Xe^{128}$ in Xe^{128} überführt wird. Anschließend wurde durch schrittweise, thermische Entgasung der Probe die Korrelation von Xe^{129}/Xe^{132} gegen Xe^{128}/Xe^{132} massenspektrometrisch bestimmt. Durch die Meßpunkte, deren Xe^{129} aus jodhaltigen Mineralen stammt, wird eine Gerade definiert, deren Steigung Xe^{129}/Xe^{128} das Alter der Probe in bezug auf einen Standard definiert, für den das Verhältnis I^{129}/I^{127} zur Zeit der Xe-Retention bekannt ist. Unser Standard ist Bjurböle (L4). Abb. 16 zeigt die Korrelationsgerade für den Chondriten Kernouvé als Beispiel.

Hochtemperatur I-Xe-Korrelationen und damit I-Xe-Alter wurden für Ausson (L5), Peetz (L6), Menow (H4), Beaver Creek (H4), Nadiabondi (H5), Ambapur Nagla (H5/6) und Kernouvé (H6) erhalten. Der hoch metamorphisierte H6-Chondrit Kernouvé hat ein I-Xe-Alter relativ zu Bjurböle von $\Delta t = -(13 \pm 3) \times 10^6$ Jahren. Er addiert sich zu einer wachsenden Zahl von gewöhnlichen Chondriten, die älter sind als Magnetit aus Orgueil (C1) und Murchison (C2), von denen man früher geglaubt hat, daß sie die Kondensationsphase des solaren Nebels datieren: $\Delta t = -7,2 \times 10^6$ Jahre (HERZOG et al., 1973). Der erste Meteorit mit einem I-Xe-Alter älter als diese Magnetite war Arapahoe (L5) ($\Delta t = -(9,9 \pm 0,8) \times 10^6$ Jahre (DROZD und PODOSEK, 1976). Dazu kommen Kernouvé, sowie Nadiabondi ($\Delta t = -(15,0 \pm 3,0) \times 10^6$ Jahre),

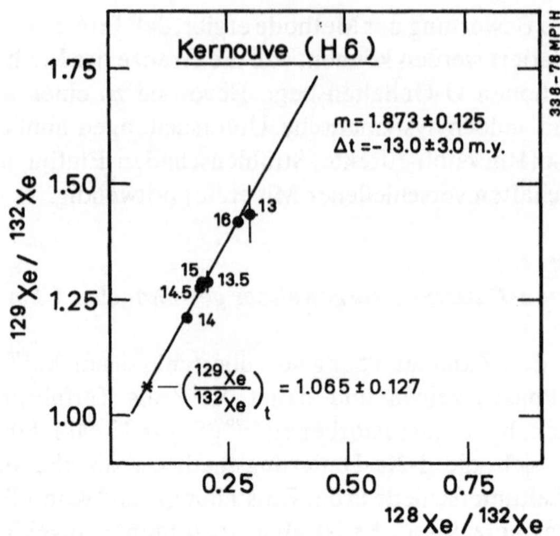

Abb. 16. Hochtemperatur-Korrelation (1300–1600 °C) von Xe^{129} und Xe^{128} bei der I-Xe-Datierung des Chrondriten Kernouvé. Ziffern geben die Entgasungstemperatur in 100 °C. Aus der Steigerung der Korrelationslinie ergibt sich das I^{129}/I^{127}-Verhältnis des Meteoriten zum Zeitpunkt der Unterschreitung der Xe-Retentionstemperatur

Menow ($\Delta t = -(10 \pm 1,2) \times 10^6$ Jahre) und Mundrabilla Troilit ($\Delta t = -(10,8 \pm 0,7) \times 10^6$ Jahre, den NIEMEYER (1979) gemessen hat. Aus diesen Ergebnissen folgt, daß entweder die datierten Magnetite aus Kohlenstoffchondriten keine primären Kondensate sind, daß der zeitliche Ablauf der Entwicklung in verschiedenen Regionen des solaren Nebels unterschiedlich verlief, oder daß räumliche Inhomogenitäten im I^{129}/I^{127}-Isotopenverhältnis bestanden.

Wegen der fehlenden Korrelation zwischen I-Xe-Altern und dem Metamorphosegrad ist es nicht möglich, die I-Xe-Alterssystematik nur durch die Abkühlungsgeschichte der Mutterkörper zu erklären. Vielmehr müssen Anfangsinhomogenitäten des I^{129}/I^{127}-Verhältnisses in verschiedenen Gebieten des solaren Nebels ernsthaft erwogen werden.

Pu-U-Fraktionierung in Phosphaten gewöhnlicher Chondrite

Ausgestorbenes Pu^{244} ($T_{1/2} = 82$ Mio a) spielt eine Schlüsselrolle bei der Bestimmung des Alters der Elemente und kann im Prinzip auch als Chronometer für die frühe Entwicklung des Sonnensystems dienen.

Da ein stabiles Referenzisotop fehlt, muß auf U^{238} bezogen werden. Dann können jedoch Pu^{244}-Konzentrationsunterschiede, beurteilt nach dem Pu^{244}/U^{238}-Verhältnis, außer durch Zeitunterschiede auch durch chemische Fraktionierungen zwischen Pu und U bewirkt werden. Wir haben deshalb Untersuchungen zur Geochemie des Pu und U in gewöhnlichen Chondriten ausgeführt. Dazu wurden massenspektrometrische Xe-Analysen an Phosphatseparaten (Whitlockit, Apatit) von 10 gewöhnlichen Chondriten durchgeführt. Die Aufspaltung der Xenonspektren liefert neben spallogenem und primordialem Xe Spaltxenon des Pu, aus dem die Pu-Konzentrationen ermittelt werden. Zusammen mit den aus Spaltspurenanalysen ermittelten Uran-Daten erhalten wir auch die Pu^{244}/U^{238}-Verhältnisse für den Zeitpunkt der Xenonretention in den Phosphaten, ca. $4,57 \times 10^9$ a vor heute.

Die Variation dieses Verhältnisses von 0,004 für Shaw bis 0,120 für Nadiabondi ist teilweise verursacht durch unterschiedliche Whitlockit/Apatit-Verhältnisse, da Pu gegenüber U in Whitlockit stark angereichert, in Apatit dagegen abgereichert ist. Aber auch wenn nur Whitlockite betrachtet werden, sind die Fraktionierungen beträchtlich. Gering sind hingegen die Unterschiede für Whitlockite aus Meteoriten des gleichen petrologischen Typs und damit vermutlich des gleichen Mutterkörpers (z.B. H6-Chondrite), so daß hierfür chronometrische Anwendungen in Frage kommen. Insgesamt sind die Pu/U-Verhältnisse in den Phosphaten niedriger als im Gesamtgestein des St. Severin Chondriten, woraus für Uran eine höhere Phosphataffinität als für Pu folgt. Die Universalität des für nukleochronometrische Zwecke benutzten St. Severin-Wertes muß angezweifelt werden.

Eine weitere Anwendung des ausgestorbenen Pu^{244} ergibt sich aus der Temperaturabhängigkeit des Beginns der Spaltfragmentregistrierung als Spaltspuren in Plutonium-haltigen Phosphaten (Whitlockit, Apatit) und in diesen benachbarten Detektormineralen (Feldspäte, Pyroxen, Olivin). Die Registriersequenz ist Xenon im Phosphat, Spaltspuren in Plagioklas, in Pyroxen, Olivin und Phosphat (PELLAS und STORZER, 1977).

Bei Eichung der Retentionstemperaturen der verschiedenen Detektorsysteme im Laborexperiment (Ausheizversuche) wird es möglich, aus den gemessenen Spaltproduktmengen Abkühlungszeiten zu ermitteln, wobei ein Unterschied um einen Faktor 2 im *registrierten* Pu-Gehalt einer Zeitdifferenz von 82×10^6 a entspricht. Die sich ergebenden Auskühlungszeiten der Mutterkörper variieren von sehr langsamer Auskühlung ($\sim 1\,°C$/Million Jahre) für L7-Meteorite (Shaw) bis zu praktisch sofortiger Auskühlung des Angra dos Reis Achondriten.

Ar^{39}-Ar^{40}-Altersbestimmungen an Meteoriten

Mundrabilla

Der im Institut zersägte Eisenmeteorit Mundrabilla ist wegen seines hohen Troilitgehaltes außergewöhnlich. Obwohl es sich um einen hochdifferenzierten Meteoriten handelt, enthalten Silikate einen hohen Xe^{129}-Überschuß aus dem

Zerfall von ausgestorbenem I^{129}, was auf ein Bildungsalter des Mundrabilla-Meteoriten etwa gleichzeitig mit den Chondriten hinweist. Um das genaue Bildungsalter zu bestimmen, wurde die Ar^{39}-Ar^{40}-Methode auf Plagioklas- und Olivin-Separate angewandt. Es ergaben sich gut definierte Plateaualter von 4,57 ± 0,02 × 10^9a für Olivin und 4,53 ± 0,02 × 10^9a für Plagioklas. Der Zeitunterschied von 40 × 10^6a reflektiert die Altersdifferenz zwischen der Kristallisation der beiden Minerale und gibt eine Zeitskala für die Abkühlung des Mutterkörpers.

Zur Zeit läuft ein Meßprogramm zur Ar^{39}-Ar^{40}-Datierung von Meteoriten mit von uns bereits gemessenen I-Xe-Altern, um den Anschluß der verschiedenen Chronometer auf eine sichere Basis zu stellen.

Allende-Einschlüsse

Die Ar^{40}-Ar^{39}-Methode wurde außer auf die Hauptkonstituenten des Meteoriten auch auf eine Reihe weißer Einschlüsse aus dem kohligen Chondriten Allende angewandt. Diese sind als Träger von Isotopenanomalien bekannt, die auf eine nicht vollständige Homogenisierung des Solaren Nebels hindeuten (PODOSEK, 1978). Neben den typischen Altern von ~4,55 × 10^9a für die meisten Proben ergeben sich für insgesamt fünf Gesamtgesteinsproben verschiedener weißer Einschlüsse K-Ar-Alter größer als das Alter des Sonnensystems (u. a. 5,27; 5,37 und 5,43 × 10^9a).

Mögliche Interpretationen der hohen Alter sind Beimengungen von a) sehr alter präsolarer Materie (STARDUST) oder b) an K^{40} angereichertem Kalium in einigen Bestandteilen einiger weißer Allende-Einschlüsse. Die letztere Möglichkeit wird zur Zeit von BEGEMANN und STEGMANN am Max-Planck-Institut für Chemie in Mainz experimentell geprüft. In beiden Fällen haben die gemessenen Alter keine direkte chronologische Bedeutung, sondern ergeben sich aus den unterschiedlichen Beimengungsverhältnissen anomalen Materials in den einzelnen Einschlüssen.

Die wichtigste Konsequenz ist aber, daß entweder Material älter als das Sonnensystem unhomogenisiert im Sonnensystem überlebt hat, oder daß K-Isotopeninhomogenitäten im frühen Solaren Nebel z. T. nicht homogenisiert wurden.

Neben diesen Ergebnissen darf aber nicht vergessen werden, daß die meisten anderen Allende-Komponenten (Chondren, Matrix) reguläre Alter von ~4,55 × 10^9a aufweisen.

Meteorite mit reduzierten Ar^{39}-Ar^{40}-Altern

Das Formationsalter der Meteorite, der Planeten und der Monde liegt nach unseren heutigen Vorstellungen ziemlich einheitlich bei 4,6 Milliarden Jahren. Während aber z. B. im Fall des Erdmondes relativ lange Abkühlungszeiten

(~200 Millionen Jahre bis zur Konsolidierung einer differenzierten äußeren Kruste) sowie intensive Aufheizung durch Impakte (weitere 200–500 Millionen Jahre) bewirkten, daß die Gesteinsalter mit typisch $4,1 - 3,8 \times 10^9$ a wesentlich jünger sind als der Mond selbst, entsprechen (diffusionskorrigierte) Meteoritenalter i.a. dem Alter des Planetensystems, da die schnell auskühlenden, relativ kleinen Mutterkörper von drastischen Temperaturerhöhungen verschont geblieben sind. Es gibt aber auch Hinweise, daß auf gewissen Meteoritenmutterkörpern Prozesse ähnlich wie auf dem Mond abliefen, insbesondere Regolith- und Brekzienbildung durch Oberflächenbombardement. Gewisse Analogien bestehen z. B. zwischen einem mutmaßlichen Entstehungsmechanismus für meteoritische Chondren und der Kondensation lunarer Glaskugeln aus bei Hochgeschwindigkeitseinschlägen entstehendem Gesteinsdampf. Besonders augenfällig sind Analogien zwischen lunaren Hochlandbrekzien und dem 1933 in Südafrika gefallenen Ca-reichen Achondriten Malvern. Neben chemischen Ähnlichkeiten mit der Zusammensetzung der lunaren Urkruste fallen zunächst petrographische Analogien auf: unregelmäßige Gesteinsfragmente sind in einer Grundmasse aus zerriebenen, teilweise geschockten Mineralien eingebettet, durchsetzt von braunem durch Erzausscheidung pigmentiertem Glas. Vor diesem Hintergrund sind die beobachteten Altersanalogien von besonderem Interesse.

Die Ar^{39}-Ar^{40}-Datierung ergibt eindeutige Hinweise für eine starke Entgasung vor $\sim\!3,6 - 3,8 \times 10^9$ a, im Meteoriten enthaltenes Glas ist zu dieser Zeit entstanden. Impliziert ist damit intensive Schockmetamorphose auf einem Mutterkörper basaltischer Achondrite, wie sie etwa gleichzeitig auch auf dem Mond stattfand. Selbst durch Entgasung stark fraktionierte Sonnenwindreste finden sich, ebenfalls in Analogie zu Mondbrekzien. Weitere Beispiele für am Institut gemessene reduzierte Meteoritenalter sind die Kohlenstoffchondrite Léoville und Murchison. Beide Meteorite enthalten planetares Gas, das sich in der Argonanalyse in deutlichen Mengen Ar^{36} und Ar^{38} mit $Ar^{36}/A^{38} = 5,35$ zeigt, die nicht mit Ar^{40} korreliert sind. Die Altersspektren beider Meteorite haben kein Plateau. Das K-Ar-Alter von Léoville ist $3,01 \pm ,17$ AE und datiert wahrscheinlich ein metamorphes Ereignis, das zwar zu Argonverlusten führte, aber andere Elemente (z.B. Mg) isotopisch nicht equilibrierte. Das K-Ar-Alter von Murchison, $2,76 \pm ,20$ AE, ist auf kontinuierlichen Ar^{40}-Verlust aus den porösen Schichtgittersilikaten der Matrix bei niedriger Temperatur ($<\!150\,°C$) zurückzuführen, bei der Kohlenwasserstoffe und z.B. Aminosäuren nicht zerstört wurden.

Lunare Chronologie

Die thermische Entwicklung eines Planeten ist charakterisiert durch das Alter der ältesten und der jüngsten magmatischen Gesteine; extreme Alterswerte sind deshalb von hohem diagnostischen Wert. Für den Mond markiert das höchste

Gesteinsalter den Abschluß der mondweiten primären Krustendifferentiation, während die jüngsten Basaltalter den Zeitpunkt der Auskühlung zumindest der oberen 300 km der Mondkruste anzeigen (der Aufstieg von basaltischen Magmen aus noch größeren Tiefen kann ausgeschlossen werden). Zu beiden Fragestellungen haben wir durch Ar^{39}-Ar^{40}-Altersbestimmungen beigetragen.

Älteste Hochlandgesteine

Die Brekzie 67435 enthält sogenannten Pink Spinel Troctolite, der als Überrest einer impaktgenerierten Mischung von der ganz frühen, gerade erstarrten Mondkruste und schon differenziertem Material interpretiert wird. Daneben gibt es in 67435 große (≤ 1 mm) stark kalzische Plagioklas-Kristalle, deren niedriger Gehalt an FeO und anderen Spurenelementen auf primären plutonischen Ursprung deuten. Diese Einschlüsse haben ihr sehr hohes Alter von 4,42 AE erhalten und sind nicht in dem brekzienbildenden Ereignis verjüngt worden. Das gut definierte Plateaualter und die petrologischen Befunde zeigen, daß es sich bei diesen Einschlüssen um Reste aus der primären lunaren Differentiation handelt.

Gleiches gilt für einen ebenfalls spinellhaltigen troctolitischen Basalteinschluß der Brekzie 73215, die ein zweistufiges Altersspektrum ergibt. Die Hochtemperaturfraktion liefert ein Alter von $4,46 \pm 0,04 \times 10^9$ a. Mit diesen Proben ist es gelungen, die aus Rb/Sr-, U-Th-Pb- und Sm/Nd-Modellaltern postulierte mondchronologisch wichtige Zeitmarke des Endes der primären Differentiation direkt zu bestätigen.

Jüngste Mare-Basalte

Die petrologische Beobachtung junger Basaltflüsse nahe der Apollo-12-Landestelle initiierte eine gezielte Suche nach besonders jungen Mare-Basalten. A^{39}-Ar^{40}-Datierungen der nach verschiedenen Kriterien aussichtsreichsten Proben 12017, 12053 und 12064 ergaben jedoch Alter im für Apollo-12-Basalte bereits etablierten Bereich von 3,1–3,3 Milliarden Jahren. Damit scheint sich das Erlöschen endogener Prozesse auf dem Mond vor ~3,1 Milliarden Jahren erneut zu bestätigen, es muß jedoch bedacht werden, daß keineswegs alle Mondmaria bisher durch Proben zugänglich wurden.

Probleme der Datierung von Hochlandbrekzien und das Alter des Serenitatisbeckens

Die Apollo-17-Brekzien 73215 und 73255 unterscheiden sich in Textur und Petrologie von gewöhnlichen Regolithbrekzien. Alle petrologischen Indizien deuten darauf hin, daß die Gesteinsfragmente plutonischen Ursprungs sind und mit der Grundmasse in einem einzigen, kurzen Ereignis vereinigt wurden (JAMES, 1976). Dabei kühlte die Grundmasse sehr schnell aus, ohne daß Gelegenheit zur thermischen Equilibrierung mit den Gesteinseinschlüssen gegeben war.

Anders als bei Regolithbrekzien, die von Schock- und Wärmemetamorphosen überprägt wurden, sollten hier die Gesteinseinschlüsse die Stratifikation des tiefen Plutons *vor* der Exkavation durch den das Serenitatis-Becken produzierenden Einschlag wiedergeben. Insgesamt wurden 16 Proben von 73 215 datiert. Die *höchsten* Alter ergaben anorthositische Einschlüsse. Trotz der in ihren Altersspektren sichtbaren thermischen Belastung bei der Aggregation der Brekzie kann als sichere untere Grenze für das Alter dieser Einschlüsse 4,25 AE (1 AE = 1 Milliarde Jahre) angegeben werden. Das *niedrigste* Alter wurde für eine Felsitprobe mit 3,92 ±,02 AE in Übereinstimmung mit einem Rb/Sr-Isochronenalter von 3,90 ± 0,5 AE (COMPSTON et al., 1977) gemessen, das damit die Aggregation der Brekzie datiert. Aphanitische Einschlüsse haben Alter zwischen 4,08 AE und 4,24 AE, aphanitische Matrixproben Alter zwischen 3,98 AE und 4,15 AE. Diese Überlappung beider Lithologien, die auch chemische und petrologische Befunde ergaben, wird auf die Beimengung von submikron kleinen, nicht völlig entgasten Einschlüssen zur Grundmasse der Matrix zurückgeführt.

Aus unseren Resultaten folgt, daß eine Grundvoraussetzung der K-Ar-Methode, die vollständige Trennung von Mutter- und Tochterisotop, bei der Brekzienbildung normalerweise nicht erfüllt ist. Beckenalter können deshalb nur aus völlig geschmolzenem Material (wie dem Felsit) abgeleitet werden. Demgegenüber sind Plateau-Alter von großen kristallinen Einschlüssen untere Grenzen für deren Kristallisationsalter, das weit höher sein kann als das Alter der Beckenexkavation, die zur Brekzienbildung führte. Für 4 verschiedene Einschlüsse ergaben sich Plateau-Alter zwischen 4,15 und 4,3 Milliarden Jahren. Die individuellen Unterschiede sind signifikant, d.h. das Prä-Serenitatis-Pluton war stratifiziert und die ältesten anorthositischen Krustendifferentiate erstarrten bereits vor 4,28 ± 0,02 Milliarden Jahren, lange vor dem Serenitatis-Ereignis, das vor 3,9 Milliarden Jahren erfolgte.

Ganz entsprechende Ergebnisse wurden für die analoge Brekzie 73 255 erhalten. In Altersspektren von aphanitischen Matrixproben erscheint regelmäßig ein Abfall des scheinbaren Alters zwischen 900 und 1100 °C. Dadurch werden zwei Plateaus definiert. „Plateau 1" zwischen 700 und 900 °C ergibt das Kristallisationsalter der aphanitischen Grundmasse von 3,92 ± ,02 AE. „Plateau 2", das Fraktionen über 1100 °C umfaßt, ist das Gasretentionsalter der in der Grundmasse enthaltenen Mikroeinschlüsse. Der Altersabfall zwischen beiden Plateaus wird durch geringe Gasverluste dieser Mikroeinschlüsse verursacht.

Zwei der datierten anorthositischen Gabbroeinschlüsse haben Zweistufen-Altersspektren, wie sie schon bei 73 215 beobachtet worden sind. Während die Niedrigtemperaturphasen dieser Proben bei der Brekzienbildung Gasverluste erlitten und Plateaualter von 3,93 und 3,96 AE haben, zeigen die Hochtemperaturphasen noch das ursprüngliche Kristallisationsalter von 4,14 und 4,20 AE des Tiefengesteins der Prä-Serenitatisregion. Die Altersspektren von zwei weiteren Einschlüssen haben ebenfalls Plateaus bei 3,92 ± ,02 AE. Auch diese zeigen durch einen Anstieg des scheinbaren Alters von Fraktionen über 1100 °C Relikte von Material mit erhaltenem Kristallisationsalter über 4,15 AE. Ein Felsit (geschmolzenes Material) ergibt wieder das wahre Alter der Brekzienbildung, das mit dem Alter des Serenitatisbeckens gleichgesetzt wird: $3{,}87 \times 10^9$ a.

Das Ausmaß der Altersrückstellung bei großen Meteoriteneinschlägen (Beispiel Nördlinger Ries)

Die Forschungsbohrung Nördlinger Ries 1973 bot erstmals die Möglichkeit, das bei den Mondbrekzien erkannte Problem systematisch zu untersuchen, also den Einfluß des vor $\sim 15 \cdot 10^6$ Jahren erfolgten Impakts auf das K-Ar-System des $\sim 300 \cdot 10^6$ Jahre alten kristallinen Grundgesteins (dieses Alter wurde ebenfalls von uns bestimmt). Ar^{39}-Ar^{40}-Datierungen wurden an Biotiten, Chloriten und Hornblendeseparaten aus dem Ejektamaterial und aus dem Bohrkern von unterhalb der Postimpakt-Sedimentschicht bis zum kristallinen Grundgestein in 1200 m Tiefe durchgeführt. *Alle* Proben ergaben das ungestörte Grundgesteinsalter, $310 \cdot 10^6$ Jahre. Dies schließt auch Proben aus der 330 bis 602 m tiefen Suevit-Lage (Rückfallbrekzie) oberhalb des postulierten transienten Kraterbodens ein. Marginale Unterschiede im Ar^{40}-Verlust sind nicht mit der Tiefe korreliert, sondern nur durch lokale Erwärmungen (kurzzeitig 600–900 °C) zu erklären. Schockwellen bei der Bildung dieses 20 km Kraters ($\gtrsim 500$ kb) haben das K-Ar-System nicht gestört. Zusätzlich wurden zwei Gläser, ein Suevitglas von Otting und ein Tektit (Moldavit), untersucht. Nur diese Gläser, die beim Impakt vollständig aufgeschmolzen wurden, ergeben das Alter des Rieskraters von 15,1 Millionen Jahren. – Insgesamt wird durch diese Ergebnisse deutlich, daß i. a. selbst Riesenmeteoriteneinschläge nicht zur Altersrückstellung der Brekzien führen, sofern es nicht zur vollkommenen Aufschmelzung kommt. Aus den Diffusionseigenschaften der Mineralseparate beim stufenweisen Entgasen im Labor konnten Temperaturabschätzungen für die Rückfallsuevite und Auswurfsuevite gemacht werden. Das einfache Modell umfaßt eine heiße Schicht von 200 m (Rückfallsuevit) bzw. 10 m Mächtigkeit (Auswurfsuevit) und anfangs homogener Temperaturverteilung. Diese Decke wird an den Grenzflächen auf 0 °C gehalten und der zeitliche Temperaturverlauf berechnet. Aus den Diffusionseigenschaften läßt sich der totale Gasverlust der Proben für verschiedene Anfangstemperaturen bestimmen. Durch Vergleich mit dem tatsächlichen, gemessenen Gasverlust läßt sich die maximale, mittlere Anfangstemperatur zu 600 °C abschätzen.

Einschlägige Arbeiten

Dominik und Jessberger (1978)
Dominik et al. (1978a), (1978b)
Horn und Kirsten (1977)
Jessberger und Dominik (1979)
Jessberger et al. (1977c), (1977d), (1978a), (1978b)
Jordan et al. (1977), (1978)
Kirsten (1978a)
Kirsten et al. (1977), (1978a)
Pellas et al. (1979)
Staudacher et al. (1979)

B. Wechselwirkung der kosmischen Strahlung mit Meteoriten, Mondgestein und der Erdoberfläche (MPI, T. Kirsten)

Die galaktische kosmische Strahlung ist befähigt, ca. 1 Meter tief in Festkörper einzudringen. Sie löst dann Spallationsreaktionen aus, die zur Bildung einer Vielzahl von radioaktiven und stabilen Reaktionsprodukten führen. Die Messung dieser „kosmogenen" Nuklide erlaubt einerseits Aussagen über die Intensität und evtl. zeitliche Variation der kosmischen Strahlung in der Vergangenheit, andererseits aber auch über die Lebensdauer der Meteorite als kleine Körper von der Dimension ~1 Meter, das sogenannte Bestrahlungsalter. Es bestimmt den Zeitpunkt des Herausbrechens aus der abgeschirmten Tiefe des Mutterkörpers durch Kollisionen untereinander.

Analoge Vorgänge am Mond betreffen den Zeitpunkt der Oberflächenexponierung eines Steins (z. B. Datierung lokaler Krater).

Auf der durch die Atmosphäre abgeschirmten Erdoberfläche ist die Erzeugung kosmogener Nuklide stark unterdrückt, es kommt aber hier zu muoneninduzierten Kernreaktionen.

Im folgenden wird über einschlägige Untersuchungen berichtet. Stabile Nuklide werden dabei massenspektrometrisch gemessen, während zur Messung der radioaktiven Reaktionsprodukte Low-Level-Zähltechniken eingesetzt werden. Hierzu sind frisch gefallene Meteorite erforderlich, sofern relativ kurzlebige Radionuklide betrachtet werden sollen.

Untersuchungen zur Variation der kosmischen Strahlung

Zeitliche Variation

Die Aktivität der durch die kosmische Strahlung in Meteoriten erzeugten Radionuklide ist abhängig von der chemischen Zusammensetzung, der ursprüng-

lichen Gestalt des Meteoriten und der Abschirmtiefe der untersuchten Probe
darin, sowie von der Intensität und dem Spektrum der kosmischen Strahlung.
Unter dem Einfluß der Sonnenaktivität variiert die kosmische Strahlung sowohl
zeitlich als auch räumlich.

In den Chondriten Ta'amin, Dhajala, Ijopega, Innisfree and Mayo Belwa
wurden bis zu sieben der Radionuklide: Al^{26}, Na^{22}, Co^{60}, Co^{57}, Mn^{54}, Ar^{37} und
Ar^{39} durch Gamma- bzw. Beta-Spektroskopie gemessen. Zusätzlich wurden
durch Massenspektrometrie an den gleichen Proben die stabilen Edelgasisotope
bestimmt. Das auf die Target-Chemie und die verschiedene Abschirmung
korrigierte Mn^{54}/Na^{22}-Verhältnis dieser und der früher gemessenen Lost City and
Police Meteorite variiert infolge der unterschiedlichen Halbwertszeiten (312 d
und 2,6 a) zwischen dem Sonnen-Maximum von 1970 und dem Sonnen-Mini-
mum von 1976 um den Faktor 1,4. Hieraus ergibt sich eine Produktionsratenän-
derung des Mn^{54} um das doppelte und des Na^{22} um das eineinhalbfache. Diese
Variation, die nach den beobachteten Flußänderungen der kosmischen Strahlung
im Verlaufe des 11jährigen Sonnenzyklus' zu erwarten ist, wurde bisher in der
Literatur bei der Anwendung von Mn^{54} oder Na^{22} auf Bestrahlungsalter- oder
Meteoriten-Größenabschätzungen nicht berücksichtigt.

Aus den Na^{22}-, Mn^{54}- und Co^{60}-Aktivitäten wurde für Dhajala ein voratmo-
sphärischer Radius von 35 bis 45 cm gefunden. Die Abschirmtiefe für unsere
Probe betrug 15 bis 35 cm. Die übrigen Meteorite hatten Radien zwischen 5 und
20 cm und Abschirmtiefen von weniger als 10 cm. Die Ar^{37}/Ar^{39}-Verhältnisse im
Eisen-Nickel von Dhajala und Innisfree sind um etwa 50% bzw. 30% niedriger
als nach Rechnungen verschiedener Autoren zu erwarten wäre. Da der räumliche
Gradient der kosmischen Strahlung zu klein für diesen Effekt ist, könnte dies auf
eine gegenwärtig geringere Intensität der kosmischen Strahlung, verglichen mit
den letzten 500 Jahren, hinweisen.

Mit Hilfe der auf die verschiedenen Abschirmtiefen korrigierten Produktionsraten von He^3, Ne^{21} und Ar^{38} wurden folgende Bestrahlungsalter gefunden:
82 ± 4, $5,5 \pm 0,6$, $4,9 \pm 0,5$, 28 ± 3 und $15 \pm 1,5 \cdot 10^6$ a für Mayo Belwa, Ijopega,
Dhajala, Innisfree und Ta'amin. Die Ne^{21}-, Na^{22}-Ne^{22}- und Ar^{38}-Ar^{39}-Bestrah-
lungsalter stimmen miteinander überein, dagegen zeigen die Ne^{21}-Al^{26}-Alter
stärkere Abweichungen. Innisfree, Dhajala und Mayo Belwa haben kosmogenes
He^3 verloren. Mayo Belwa hat das bisher für Steinmeteorite höchste gefundene
Bestrahlungsalter.

In 12 Chondriten, 10 davon mit kleinem Bestrahlungsalter ($Ne^{21} < 1,5 \times$
10^{-8} cm^3 STP/g), haben wir die Isotope der Edelgase He, Ne und Ar gemessen. In
sieben dieser Meteorite wurde auch Mn^{53} ($T_{1/2} = 3,7 \times 10^6$ Jahre), in fünf von
ihnen darüber hinaus Al^{26} ($T_{1/2} = 0,74 \times 10^6$ Jahre) bestimmt. Ziel der
Untersuchungen war es, die Produktionsraten von Ne^{21}, Al^{26} und Mn^{53} zu
überprüfen sowie die Frage zu klären, ob Chondrite mit kleinem Bestrahlungsalter ($<2 \times 10^6$ Jahre) einer wesentlich höheren kosmischen Strahlungsintensität
ausgesetzt waren als Chondrite mit größeren Bestrahlungsaltern. Die Meßergeb-

nisse wurden mit Hilfe von Regressionsrechnungen, teilweise unter Verwendung von Daten anderer Autoren, ausgewertet.

Die resultierenden Produktionsraten für Al^{26} und Mn^{53} stimmen innerhalb der Fehlergrenzen mit den Mittelwerten der Sättigungsaktivitäten in langlebigen Chondriten überein. Es gibt somit keinen Hinweis auf einen wesentlichen Unterschied in der Bestrahlungsintensität von kurz- bzw. längerlebigen Chondriten.

Es ist lange bekannt, daß K^{40}-K^{41}-Bestrahlungsalter von Eisenmeteoriten systematisch etwa 50% höher sind als Cl^{36}-Ar^{36}-Bestrahlungsalter. Kürzlich wurde von uns gezeigt, daß dies auch für den Vergleich von K^{40}-K^{41}- und Al^{26}-Ne^{21}-Altern zutrifft.

Diese Differenz kann durch eine zeitliche Variation der galaktischen kosmischen Strahlungsintensität erklärt werden (Halbwertszeiten sind $1,25 \times 10^9$ a für K^{40}; $7,4 \times 10^5$ a für Al^{26} und 3×10^5 a für Cl^{36}), es bestünde jedoch auch die Möglichkeit, daß Space-Erosion die Ursache ist. Langsame Abtragung der Meteoritenoberfläche simuliert einen steigenden kosmischen Strahlungsfluß durch verringerte Abschirmung. Mikrokrateruntersuchungen an Mondgestein ergeben eine Erosionsrate von $\sim 0,5$ mm/10^6 a, was in etwa auch auf Steinmeteorite zutreffen sollte.

Um entsprechende Daten für Eisenmeteorite zu erhalten, haben wir Proben des Gibeon-Eisenmeteoriten mit 1,5 mm Eisenprojektilen in der Leichtgaskanone des Ernst-Mach-Instituts, Freiburg, beschossen. Aus diesen Experimenten erhalten wir, zusammen mit früheren Daten für Silikattargets, eine Erosionsrate für Eisenmeteorite von $\sim 0,04$ mm/10^6 a. Dies führt in 500×10^6 a zu einer Abtragung von nur 2 cm und kann deshalb die Bestrahlungsalterdifferenzen nicht erklären. Demnach bleibt nur die Alternative, daß die mittlere Intensität der kosmischen Strahlung während der letzten 10^6 a etwa 1,5mal höher war als während der letzten 10^9 a.

Räumlicher Gradient

Die Konzentration von Ar^{39} in der Eisen-Nickel-Phase von Steinmeteoriten ist ein Maß für die Intensität der galaktischen kosmischen Strahlung. Meteorite mit unterschiedlichen Bahnen müßten bei Vorhandensein eines radialen Gradienten verschiedene Ar^{39}-Aktivitäten aufweisen. Alle bisherigen Messungen streuen nur schwach um einen Mittelwert von 22,5 Zerfällen pro Minute und Kilogramm. Leider sind nur die Bahnen von zwei Meteoriten bekannt und nur an einem davon wurde Ar^{39} bestimmt.

Durch photographische Beobachtungen von Meteorfeuerbällen konnten die Bahnen zahlreicher Meteore bestimmt werden. CEPLECHA und MCCROSKY (1976) gelang es, die beobachteten Meteorite in Klassen einzuteilen; eine davon entspricht den normalen Steinmeteoriten. Mit den Bahndaten dieser Gruppe wurden für verschiedene angenommene Gradienten Ar^{39}-Aktivitäten errechnet und in den Histogrammen b, c und d der Abb. 17 dargestellt. Zum Vergleich gibt Histogramm a die Verteilung der an Steinmeteoriten gemessenen [39]Ar-Werte wieder. Berücksichtigt man, daß die Verteilung a durch die unterschiedlichen Meßmethoden der verschiedenen Autoren noch verbreitert ist, gelangt man zu dem Schluß, daß der über die letzten 500 Jahre gemittelte Gradient der kosmischen Strahlung kleiner als 10% pro Astronomische Einheit war.

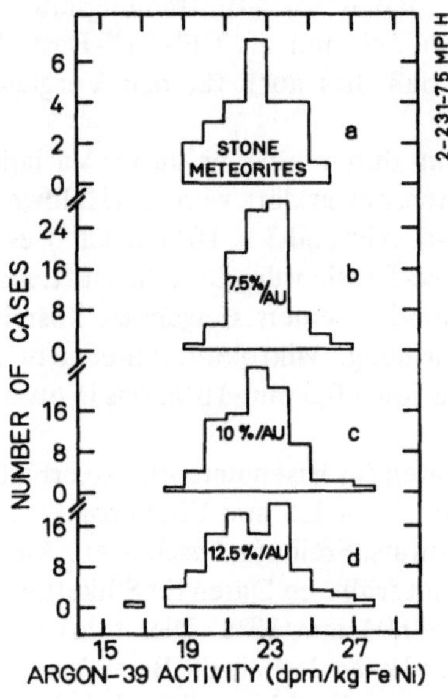

Abb. 17 a–d. Ar[39]-Häufigkeitsverteilungen: gemessen an Meteoriten **(a)**; berechnet für Meteorbahnen bei verschiedenen Gradienten **(b, c, d)**

Demnach wird sich der Einfluß des Sonnenwindes (Modulation) auf die galaktische kosmische Strahlung wahrscheinlich über einige 10 Astronomische Einheiten erstrecken.

Kosmogene Nuklide im Mundrabilla-Meteoriten

Besonders intensiv wurden die Wechselwirkungsprodukte der kosmischen Strahlung in dem über 6 Tonnen schweren Eisenmeteoriten Mundrabilla, der in Heidelberg in Scheiben zersägt wurde, untersucht. Dieser Meteorit ist ungewöhnlich durch seinen sehr hohen Troilit (FeS)-Gehalt.

Aus der Messung der Tiefenabhängigkeit von kosmogen erzeugten He^3, He^4, Ne^{21} und Ar^{38} sowohl in der Nickel-Eisen-Phase als in Troilit wurden präatmosphärische Form und Masse (230 t) sowie die Ablation beim Durchgang durch die Atmosphäre ($\sim$20 cm) bestimmt. Die Messung der Radionuklide Al^{26} und Mn^{53} lieferte Al^{26}/Ne^{21} und Mn^{53}/Ar^{38}-Bestrahlungsalter in guter Übereinstimmung: 230 ± 30 Millionen Jahre. Das irdische Alter dieses Meteoritenfundes wurde aus dem Abklingen der Al^{26}-Aktivität nach dem Fall zu $\sim$300 000 a bestimmt.

Besonders interessant sind Kr- und Xe-Anomalien in Silikat- und Troiliteinschlüssen, die auf Neutroneneinfang zurückgeführt werden können. Bei systematischer Untersuchung ihrer Tiefenabhängigkeit kann die Ausbreitung und Thermalisierung der durch kosmische Strahlung bewirkten Neutronenlawine im Inneren des Meteoriten ermittelt werden.

Die Troilitphase ist mit Se und Te assoziiert, entsprechend überwiegen die Anomalien aus

$$Se^{82}(n, \gamma)Se^{83} \xrightarrow{\beta^-} Br^{83} \xrightarrow{\beta^-} Kr^{83}$$
$$Te^{128}(n, \gamma)Te^{129} \xrightarrow{\beta^-} J^{129} \xrightarrow{\beta^-} Xe^{129}$$
$$Te^{130}(n, \gamma)Te^{131} \xrightarrow{\beta^-} J^{131} \xrightarrow{\beta^-} Xe^{131}$$

In Silikaten überwiegen Reaktionen an Halogenen:

$$Cl^{35}(n, \gamma)Cl^{36} \xrightarrow{\beta^-} Ar^{36}$$
$$Br^{81}(n, \gamma)Br^{82} \xrightarrow{\beta^-} Kr^{82}$$
$$J^{127}(n, \gamma)J^{128} \xrightarrow{\beta^-} Xe^{128}$$

Zusammen mit den durch Neutronenaktivierungsanalyse bestimmten Se-, Te- und Br-Gehalten ergaben sich Sekundärneutronenflüsse im Inneren des Meteoriten von, je nach Position, $1-20$ n/cm^2 sek. und eine mittlere Quellfunktion von $0,5-1$ Neutronen/cm^3 im Inneren des Meteoriten. Die Linien gleichen Neutronenflusses wurden festgelegt, woraus ebenfalls wieder die präatmosphärische Geometrie ermittelt werden konnte.

Zum Sammelmechanismus von Meteoriten in der Antarktis

Im Allan Hills Gebiet in Antarktika ($76°40'$S, $159°20'$O) wurden auf einer Fläche von wenigen 100 km^2 über 300 Meteorite aus zumeist unabhängigen Fällen gefunden (CASSIDY et al., 1977). Sowohl in Allan Hills, wie im zweiten bekannten Häufungsgebiet (Yamato-Berge) treten Meteoritenkonzentrationen an den Nahtstellen der vom Zentrum zu den kontinentalen Rändern fließenden antarktischen Eisplatten mit nicht vereisten Gebirgskämmen auf. Letztere wirken als Barrieren, die den Eisfluß stauen. Durch Windablation werden die mit dem Eis transportierten Meteorite freigelegt. Da kein irdisches Geröll gefunden wird, müssen die Meteorite die gesamte Zeit seit ihrem Fall im Eis verbracht haben. Sie können deshalb als Zeitmarken für Eisalter bzw. Transportgeschwindigkeit dienen, wenn ihre irdischen Alter bestimmt werden können. Dies erfolgt durch Messung des Abklingens von durch kosmische Strahlung erzeugten

Spallationsnukliden nach dem Fall, wobei die dem radioaktiven Gleichgewicht entsprechenden Sättigungsaktivitäten aus beobachteten Fällen gleichen Typs ermittelt werden können. Der Grad der Sättigung zur Fallzeit und Abschirmkorrekturen können aus stabilen Spallationsnukliden ($Ne^{22,21}$, Ar^{38}) ermittelt werden. Durch Messung von C^{14} ($T_{1/2} = 5740$ a), Al^{26} ($T_{1/2} = 730\,000$ a) sowie $Ne^{20,21,22}$ und $Ar^{36,38}$ (stabil) wurden für 4 Allan Hills-Meteorite die irdischen Alter bestimmt. Sie betragen in drei Fällen $3 \times 10^4 < t < 3 \times 10^5$ a und in einem Fall (AH Nr. 8) $(1,5 \pm 0,2) \times 10^6$ a. Wenn diese Verteilung repräsentativ ist, müssen entweder Eisgeschwindigkeit und Ablation von 0 bis 0,3 Mio. a größer gewesen sein als zwischen $-0,3$ und $-1,5$ Mio. a oder die Allan Hills Berge waren zwischen $-0,3$ und $-1,5$ Mio. a eisbedeckt, so daß ihre Barrierewirkung entfiel (erforderlich ist eine zusätzliche Eisdecke von ca. 200 m). Die Transportdauer von AH Nr. 8 im Eis bis zu den Allan Hills beträgt dann mindestens 1,2 Mio. a und das Trägereis ist mindestens 1,5 Mio. a alt. Diese Anwendung ist ein gutes Beispiel für die enge Beziehung zwischen „planetologischer" und klassischer Geophysik.

Muoneninduzierte Reaktionen in terrestrischen Oberflächengesteinen

Anwendungen der Wechselwirkung kosmischer Strahlung mit festen irdischen Gesteinen in einer Form analog zu Meteoriten oder Mondgesteinen sind durch die Schildwirkung der Erdatmosphäre nur sehr bedingt möglich und zwar nur dann, wenn besonders empfindliche Low-Level-Methoden erlauben, die sehr schwachen muoneninduzierten Aktivitäten nachzuweisen (KIRSTEN und HAMPEL, 1977). Vor einigen Jahren war uns dies erstmals gelungen, und zwar für Al^{26} (740 000 a Halbwertszeit) produziert durch Si^{28} (μ^-, $\nu_\mu 2$ n) Al^{26} an Oberflächen-Flint und für I^{129} ($T_{1/2} = 17 \times 10^6$ a) produziert durch Te^{130} (μ^-, ν_μ n; 2 β^-) I^{129} in oberflächennahen Tellurerzen. Hieraus konnten u. a. Sedimentationsraten abgeleitet werden. Mit ähnlichen Techniken wurden Muonen-Stoppraten und Produktionsraten für Kobalt-Isotope an exponierten Nickeltargets gemessen.

Einschlägige Arbeiten

Fireman et al. (1979)
Hampel und Müller (1977)
Hampel und Schaeffer (1979)
Heusser und Schaeffer (1977)
Heusser et al. (1978)
Kirsten (1978a)
Kirsten und Hampel (1977)
Reedy et al. (1978)

C. Sonnenwind in Mondstaub (MPI, T. Kirsten)

Der Sonnenwind, der kontinuierlich aus der Korona strömt, stellt eine ziemlich repräsentative Probe der Solarmaterie dar, weshalb seine chemische und isotopische Zusammensetzung von großem Interesse ist. Durch das außerordentlich geringe Magnetfeld des Mondes wird Sonnenwind seit Milliarden Jahren im Mondregolithen aufgesammelt. Dies ist trotz der geringen Eindringtiefe von nur einigen 100 Å in Silikaten möglich, weil die einige Meter dicke Mondstaubschicht, die durch Mikro- und Makrometeoriteneinschläge gebildet wurde, aus dem gleichen Grund einer ständigen Umwälzung unterliegt. Sättigungszeiten für solaren Wasserstoff und Helium betragen nur einige Jahre, so daß Mondstaub in den Kornoberflächen in der Regel mit Sonnenwind gesättigt ist. Eine direkte Interpretation der gemessenen Häufigkeiten ist nur sehr bedingt möglich, weil der implantierte Sonnenwind verschiedenen Fraktionierungsprozessen unterliegt, die ihrerseits bestimmt werden durch 1) die Mineraleigenschaften des einzelnen Staubkornes, 2) das Ausmaß seiner Strahlenschädigung, nicht nur durch Sonnenwind, sondern auch durch Sonnen-Flare-Ionen, die zwar in viel geringeren Flüssen, aber mit größerer Eindringtiefe auftreten, 3) die individuelle Trajektorie des einzelnen Staubkornes im Regolithen, da diese den Temperaturverlauf und damit die Diffusionsrate bestimmt. Aus diesem Grunde genügt es nicht, Totalkonzentrationen des implantierten Sonnenwindes zu bestimmen, sondern es müssen Verteilungsstudien unternommen werden. Dazu gehören die Analyse von Korngrößenfraktionen, Mineralseparaten, Einzelkornanalyse, Diffusionsexperimente, auch am Einzelkorn, und ganz besonders Konzentrationsprofilmessungen am Einzelkorn. Ferner sind grundsätzliche Untersuchungen über den Einfluß von Strahlenschäden auf das Diffusionsverhalten in künstlich implantierten Proben angezeigt. Die Unterscheidung der solaren von der lunaren(Target-)komponente gelingt besonders gut bei Edelgasen, auf die sich unsere Untersuchungen (neben Stickstoff) konzentriert haben, weil hier die lunaren Anfangskonzentrationen praktisch gleich Null sind.

Im folgenden werden einige Beispiele für neuere einschlägige Arbeiten am Institut gegeben. Auf unsere früheren Ergebnisse über die He, Ne, Ar, Kr und Xe-Isotopenzusammensetzung in einer Vielzahl von Mondstaubproben von allen Apollo-Landeplätzen, die an Durchschnittsproben, Korngrößenfraktionen und Mineralfraktionen gewonnen wurden, soll hier nicht eingegangen werden.

Solare Edelgaskonzentrationsprofile in Einzelkörnern von Mondmineralen und Gläsern

Speziell zum Zweck der Edelgasprofilmessungen in Festkörpern mit hoher Ortsauflösung wurde im Institut die Edelgasionensonde (GIP = *Gas Ion Probe*) entwickelt. Dabei wird die Oberfläche der Probe ($\varnothing$ 200 µm) mittels Xe-Ionen sukzessiv zerstäubt und die freigesetzten Edelgase werden thermalisiert, ionisiert und in einem schnellen Quadrupol-Massenfilter nachgewiesen. Die erreichbare Tiefenauflösung beträgt $\leq$100 Å.

Aus den Messungen von nun insgesamt 67 Mondproben (Einzelkörner von Ilmenit, Pyroxen, Anorthit, Olivin und Glas) konnten 38 Profile gewonnen werden. Dabei stellte sich die Existenz von drei verschiedenen Profilarten heraus:

a) Oberflächenprofile (Abb. 18), die einen raschen Anstieg der Gaskonzentration bis zu einem Maximum aufweisen und danach exponentiell wieder abnehmen. Die maximale Gaskonzentration ist immer direkt unter der Oberfläche (<300 Å). Der 10%-Wert des Maximums ist jeweils (bis auf eine Ausnahme) innerhalb einer Tiefe von <1000 Å erreicht. Diese Profile findet man in Gläsern, Anorthiten und Pyroxenen, wo sie stets Tiefen von $\leq$50 Å aufweisen, und in Ilmeniten, bei denen Tiefen zwischen $\leq$50 Å und 265 Å beobachtet wurden.

b) Tiefprofile (Abb. 18). Hier besitzt die äußere 300 Å-Schicht keine bzw. eine sehr geringe Gaskonzentration. Im Gegensatz zu den Oberflächenprofilen zeichnet sich diese Profilart durch ein Maximum in größerer Tiefe aus; He^4 besitzt z.B. mittlere Eindringtiefen >1000 Å. Solche Profile konnten bisher nur in Gläsern und Ilmeniten beobachtet werden.

c) Doppelpeakprofile (Abb. 18). Neben einem Maximum direkt unter der Oberfläche ($\leq$50 Å) erscheint hier gleichzeitig eines in größerer Tiefe ($\simeq$400 Å). Diese Profilart tritt ausschließlich bei Olivinen auf.

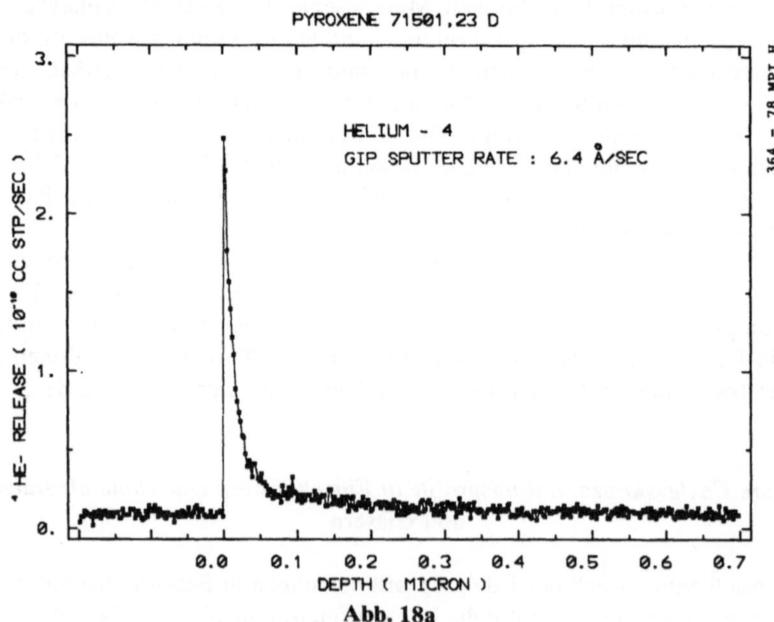

Abb. 18a

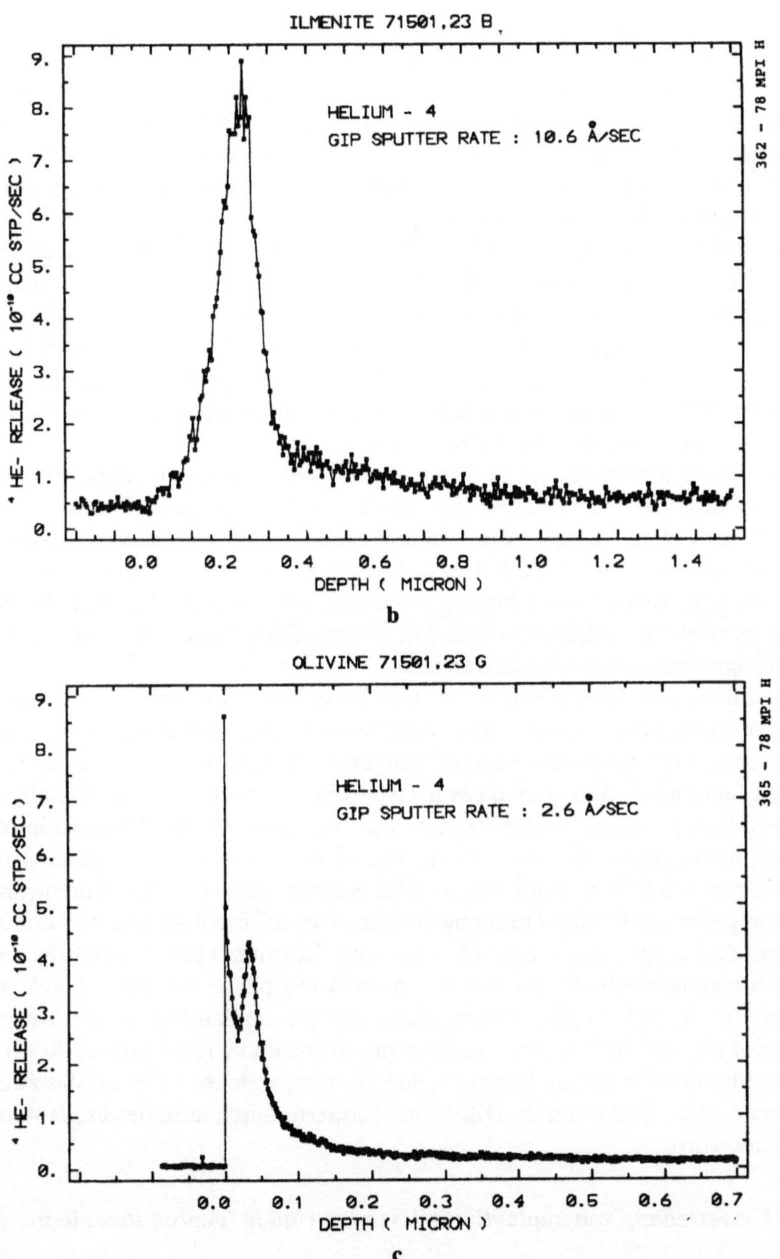

Abb. 18 a–c. He^4-Konzentrationsprofile in Mondstaubeinzelkristallen. **(a)** Pyroxen aus Mondstaub 71501; Oberflächenprofil; Eindringtiefe ≤ 50 Å. **(b)** Ilmenit aus 71501; Tiefprofil; Eindringtiefe ~ 2400 Å. **(c)** Olivin. Diese Doppelpeakprofile werden typischerweise nur in Olivinen gefunden

Die erste Profilart, die am häufigsten beobachtet werden konnte (68% der Profile), entsteht aus der ursprünglichen Verteilung der Gase bei $\simeq$200–300 Å durch Einwirkung von Sonnenwind-Protonen. Das diffundierende Gas wird in Blasen direkt unter der Oberfläche fixiert. Mit der Umverteilung treten Gasverluste auf, denen insbesondere Helium unterliegt. Nur Ilmenite sind aufgrund ihrer kompakten Gitterstruktur in der Lage, die anfängliche Gasverteilung über längere Zeit hinweg zu speichern.

Tiefprofile, die in vier Fällen beobachtet wurden, treten bei Proben mit sehr großen Exponierungszeiten auf. Bei ihnen kam es durch Solar-Flare-Ionen zu einer Fallenbildung in größeren Tiefen. Diese bewirken dort eine Retention der Gase, während die äußeren 300 Å durch Sonnenwind-Protonen völlig zerstört sind und bereits ihr gesamtes Gas verloren haben. Mit der Umverteilung ist infolge von Diffusionsverlusten eine starke Fraktionierung der Edelgase verbunden. Dies zeigen He^4/Ne^{22}-Verhältnisse von $\simeq$1 an.

Das zweite Maximum der in Olivinen gemessenen Doppelpeakprofile rührt von einer direkten Implantation der Ionen durch Rangestraggling sowie von höherenergetischen Ionen des Sonnenwind-Energiespektrums (Maxwellschwanz) her, die sich in vergleichsweise wenig strahlengeschädigten Bereichen über eine längere Zeitdauer hinweg akkumulieren konnten. Nur bei Olivinen kommt es zu einer Ausbildung des 2. Maximums. Dies dürfte auf deren spezielle Gittereigenschaften zurückzuführen sein.

Anschließende Messungen mit einem Massenspektrometer an den bereits analysierten Proben lassen in einer stufenweisen Entgasung deutlich erkennen, daß Ne und Ar mit Ausnahme von Ar^{40} mit jeweils 2 verschiedenen Aktivierungsenergien gebunden sind. Bei diesem Experiment konnte die He^4-Gasabgabe nicht in 2 Komponenten zerlegt werden, was auf einen geringen Unterschied der Aktivierungsenergien in den beiden von der Gasionen-Sonde gemessenen Reservoiren hindeutet. Zum ersten Mal konnte aber bei der stufenweisen Entgasung eine eindeutige Trennung von Ar solaren Ursprungs und Ar^{40} erreicht werden, das über einen, von MANKA und MICHEL (1971) beschriebenen Beschleunigungsmechanismus aus der Mondatmosphäre mit etwa 4 keV nur wenige 10 Å tief in das Oberflächenmaterial implantiert wird. Mit der Abwesenheit von Ar^{40} in der Hochtemperaturfraktion (900 und 1200°C) ist gleichzeitig die Vermutung bestätigt, daß Helium, welches tiefer als das zweite Maximum sitzt, nicht durch Diffusion, sondern durch direkte Implantation eingebaut wurde.

Umverteilung von implantiertem Sonnenwind in lunaren Ilmeniten

Unter allen Mondstaubmineralen ist die Retentivität von Edelgasen solaren Ursprungs in Ilmeniten am höchsten. Auch zeigen Ilmenite die geringste Fraktionierung der implantierten Sonnenwindedelgase. Man führt dies auf die niedrige Diffusionskonstante bei Mondtagestemperatur zurück.

Bei der Analyse der Tiefenprofile von solarem He^4 in Ilmeniten mit der Gasionen-Sonde ist eine ungewöhnlich breite Streuung der Tiefe zu erkennen, bei der die maximale Konzentration der Gasverteilung gemessen wird. Die Oberflächenbeladung von He^4 als Funktion der Position maximaler Konzentration variiert als Ergebnis einer allmählichen Umverteilung des implantierten Gases mit fortschreitender Bestrahlungszeit. Beginnend mit der anfänglichen, theoretisch erwarteten Maximalkonzentration bei ca. 250 Å äußert sich diese Umverteilung in einer Verschiebung des Maximums aufgrund zunehmender Strahlenschädigung in Richtung zur Oberfläche. Dabei nimmt gleichzeitig die Gesamtgasmenge ab, da die Retentivität zurückgeht.

Zunächst bestimmt der Strahlenschaden, der durch solare Protonen in den äußeren 200 Å erzeugt wird, die Profile; bei noch längerer Bestrahlung werden diese äußeren Schichten fast völlig entleert. In diesem Stadium der Entwicklung findet vermehrt Gasakkumulation durch Diffusion in Tiefen $\gtrsim 1000$ Å statt, weil in diesen Tiefen eine ausreichende Solar Flare-Dosis retentionsbegünstigende Fallen geschaffen hat.

Diffusionsexperimente zur Bindung implantierter Edelgase in Glas lunarer Zusammensetzung

Implantations- und Diffusionsexperimente stellen eine spezielle Art der Untersuchung des Entstehens und Verhaltens von Strahlenschäden in Festkörpern dar. Dabei werden Strahlenschäden, die z.B. durch Protonen und Chlor-Ionen in Silikatglas mittlerer und lunarer Zusammensetzung (schwermetallreich) erzeugt wurden, durch nachfolgende Implantation von Edelgasen (He^4, Ne^{22} und Ar^{36}) besetzt. Die Freisetzung der Edelgase im Diffusionsexperiment (lineares Aufheizen) wird dabei massenspektrometrisch kontinuierlich als Funktion der Temperatur registriert. Es wurde eine systematische Implantationsserie durchgeführt. Die Energien entsprechen dabei der mittleren Sonnenwind- und Sonnen-Flare-Energie, die Dosen berechnen sich aus der mittleren Aufenthaltsdauer des Targets an der obersten Mondregolithschicht. Das Verhältnis von implantierter zu wieder freigesetzter Edelgasmenge sowie die Bestimmung der Bindungsverhältnisse ermöglichen Rückschlüsse auf Fraktionierungsprozesse bei Mondproben, die der ständigen Partikelstrahlung der Sonne ausgesetzt waren und diese Partikel speicherten. Bei Einzelimplantation (Abb. 19) zeigen He, Ne und Ar zu deren Freisetzung diskrete Aktivierungsenergien. Sie entsprechen für He, Ne und Ar Temperaturen von 475, 650 bzw. 1120 Kelvin im Maximum der differentiellen Entgasungskurven. Diese Energien sind näherungsweise als Summe der Energie zur Zwischengitterdiffusion und der Energie zur Überwindung von Festkörperfallen zu interpretieren, die bei der Implantation durch Versetzen von Gitteratomen entstehen. Die Besetzung implantatabhängiger Fallen ist aus Abb. 19 ersichtlich. Hier wurden He, Ne und

Ar in dieser Reihenfolge implantiert. Gleiche Aktivierungsenergien von He und Ne, sowie von He, Ne und Ar zeigen deren Besetzung. Eine ähnliche Anordnung ist auch in Abb. 19 zu erkennen. Da diese Probe zuvor mit einer hohen Dosis Protonen geschädigt wurde, muß man mit einer höheren Fallenproduktion rechnen. Diese Fallen werden im Vergleich zu Abb. 19 zusätzlich besetzt. Abb. 19 zeigt dieselbe Probe wie in Abb. 19 nach Tempern bei 120 °C. Soweit die Energiezufuhr beim Tempern ausreicht, werden die Fallen entgast. Die weiteren

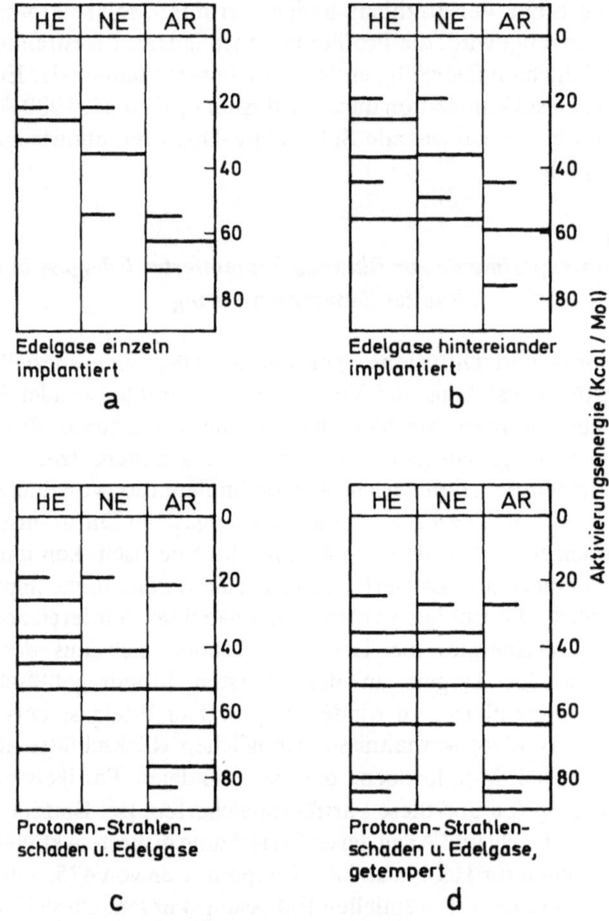

Abb. 19 a–d. Aktivierungsenergien von He, Ne, Ar, ermittelt aus Diffusionsexperimenten an unterschiedlich bestrahlten Gläsern. **(a)** Einzelimplantation nur einer Ionensorte; **(b)** Sequentielle Implantation von He, Ne und Ar; **(c)** Wie (b), aber mit Protonen vorbestrahlt; **(d)** Wie (c), getempert

Aktivierungsenergie-Niveaus entsprechen denen in Abb. 19. An einigen dieser Proben wurden teilweise auch Tiefenprofilmessungen durchgeführt, wobei Rückschlüsse auf Tiefenprofile lunarer Proben gezogen werden konnten.

Protonen- und Chlorionenstrahlenschäden tragen insgesamt zu einem Anstieg der Retentivität und zur Erhöhung der Entgasungstemperaturen bei.

Die generelle Tendenz des Chlorionen-Strahlenschadens besteht darin, die Retentivität der drei implantierten Edelgase einander anzugleichen. Dies entspricht ganz den Befunden, die an echten Mondglaskugeln erhalten wurden. In den strahlengeschädigten synthetischen Glasproben wird die Diffusion also nicht mehr durch die einzelnen Gasatome, sondern durch die Diffusion des Gasinhalts eines weiten Spektrums von Energiefallen (z.B. Strahlenschadenkanäle, Blasen) geregelt.

Unsere weiteren Arbeiten konzentrieren sich auf die Kombination von Profil-, Diffusions- und Gesamtkonzentrationsmessungen an identischen Einzelkornproben, womit ein quantitatives Modell zur Erklärung der gemessenen Profile angestrebt wird.

Einschlägige Arbeiten

Kiko et al. (1977), (1978a), (1978b), (1979a),(1979b)
Kirsten (1977b)
Warhaut et al. (1979)

D. Venusatmosphäre (MPI, D. Krankowsky)

Eine neue Dimension in der Atmosphären-Forschung haben in den letzten Jahren die Flüge von Raumsonden zu anderen Planeten eröffnet. Vergleichende Untersuchungen verschiedener Planetenatmosphären ermöglichen ein besseres Verständnis der chemischen, physikalischen und dynamischen Prozesse, die den Zustand und die Veränderungen in den Atmosphären bestimmen. Sie erlauben auch Rückschlüsse auf die Entstehung und Entwicklung planetarer Atmosphären und damit vielleicht eine bessere Vorhersagemöglichkeit, ob und wie menschliche Aktivitäten heute unsere Atmosphäre verändern können.

Am 9. Dezember 1978 konnten mit Hilfe eines Massenspektrometers die Höhenprofile der Gase in den oberen Schichten der Venusatmosphäre bestimmt werden. Dieses Gerät war eines von vielen Instrumenten, die im Rahmen der Pioneer Venus Mission der NASA die Erforschung der Venusatmosphäre zum Ziel hatten. In Zusammenarbeit mit dem Physikalischen Institut der Universität in Bonn wurde das Spektrometer in Bonn entwickelt und gebaut, die Elektronik in Heidelberg. Die in 40° südlicher Breite, bei einem Sonnenzenitwinkel von 60°

gewonnenen Höhenprofile beginnen in 700 km Höhe und enden beim Verglühen des Meßgerätes in der dichter werdenden Atmosphäre bei 130 km. Die Exosphäre der Venus beginnt bei etwa 180 km und ist mit 285 K unerwartet kalt (VON ZAHN et al., 1979a). Die Homopause wurde um 135 km gefunden und liegt damit um fast 30 km höher als auf der Erde. Die oberen Schichten der Atmosphäre zeigen wesentlich stärkere Turbulenz als auf der Erde (VON ZAHN et al., 1979b). Die für das Verständnis der Entstehung und Entwicklung der Venusatmosphäre wichtigen Edelgase Ar^{40} und Ar^{36} konnten in der oberen Atmosphäre nicht nachgewiesen werden. Die oberen Grenzen für die Ar^{40}- und Ar^{36}-Häufigkeiten auf der Venus liegen danach bei 20 und 9 ppm. Die Gesamtmenge des durch radioaktiven Zerfall entstehenden He^4 in der Atmosphäre ist etwa 400mal größer als auf der Erde. Dieser Überschuß kann bei etwa gleichem U- und Th-Gehalt der Venus erklärt werden, entweder durch langsameres Entweichen des leichten He-Gases aus der Atmosphäre oder durch Akkretion von He aus dem Sonnenwind, der unbehindert durch ein Magnetfeld auf die Venus auftrifft.

Einschlägige Arbeiten

Hoffman et al., (1979)
Mauersberger et al. (1979)
von Zahn et al. (1979a)
von Zahn et al. (1979b)

V. Sonne

A. Experimente zum Nachweis solarer Neutrinos (MPI, T. Kirsten)

Die einzige der direkten Beobachtung zugängliche Information über den Zustand des Sonneninneren bildet die bei den Fusionsreaktionen erzeugte Neutrinostrahlung, da die freie Weglänge selbst für Photonen im Sonneninneren weniger als 1 cm beträgt. In Prinzip können solare Neutrinos durch Einfangreaktionen (inversen Betazerfall) an geeigneten Targetelementen nachgewiesen werden, wegen der außerordentlich geringen Wirkungsquerschnitte sind jedoch sehr große Quantitäten erforderlich. Das bisher einzige solche radiochemische „Neutrinoaktivierungsexperiment" wurde von R. DAVIS mit 380 000 Litern Perchloräthylen (C_2Cl_4) in der Homestake Goldmine in Süddakota ausgeführt (letzte Resultate in BAHCALL und DAVIS, 1978). Zugrunde liegt die Reaktion $Cl^{37}(v, e^-) Ar^{37}$, wobei nach einer mehrmonatigen Exponierung bis zur Sättigung des Ar^{37} (Halbwertszeit 35 Tage) wenige Ar^{37}-Atome aus dem Target isoliert werden müssen und dann mit Low-Level-Proportionalzählrohren nachgewiesen werden. Das tiefe Bergwerk ist dabei zur Abschirmung von durch kosmische Strahlungsmuonen ausgelösten Störreaktionen (p, n-Reaktionen) erforderlich. Das Cl-Experiment spricht jedoch wegen seiner Energieschwelle von 814 keV hauptsächlich auf die seltenen hochenergetischen Neutrinos aus den Reaktionen $^8B \longrightarrow {}^8Be^+ + e^+ + v_e$ und $^7Be + e^- \longrightarrow {}^7Li + v_e$ an, die nur geringe Seitenzweige darstellen. Das Ergebnis des Chlorexperiments ist ein Defizit des aus dem Standardsonnenmodell erwarteten Neutrinoflusses um einen Faktor 3, was entweder astrophysikalische oder kernphysikalische Ursachen haben kann. Es könnte bedeuten, daß unsere Vorstellungen vom Aufbau der Sonne einer grundlegenden Revision unterzogen werden müssen, oder daß das Neutrino auf dem Weg von der Sonne zur Erde zerfällt oder „oszilliert", d. h. daß Übergänge zwischen den verschiedenartigen Neutrinotypen v_e, v_μ, v_τ möglich sind, mit allen Konsequenzen für die Natur der schwachen Wechselwirkung. Aber selbst ohne dieses „solare Neutrinoproblem" ist auch aus prinzipiellen Erwägungen heraus ein Neutrinoexperiment erforderlich, das auf die Neutrinos aus dem Hauptzweig der solaren Energieerzeugungsreaktionen anspricht. Gemeint ist die Wasserstoffusion $p + p \longrightarrow d + e^+ + v_e$, die Neutrinos mit einer Maximalenergie von 420 keV erzeugt. Von allen möglichen Targets ist aus verschiedenen Gründen die Reaktion $Ga^{71}(\nu_e, e^-)Ge^{71}$ mit einer Energieschwelle von nur 236 keV am vielversprechendsten. Trotz der hohen Kosten der letztendlich erforderlichen ca. 50 Tonnen Gallium wird in einer Kollaboration zwischen dem Brookhaven National Laboratory, dem Max-Planck-Institut für Kernphysik und dem Weizmann Institut an diesem Gallium-Experiment gearbeitet, zunächst an einem sogenannten Pilotexperiment mit 1,5 Tonnen Gallium. Wir haben dabei die Aufgabe übernommen, empfindliche Zählmethoden für den Nachweis des extrahierten Ge^{71} (Halbwertszeit 11,4 Tage) in Form von GeH_4 (German) zu entwickeln, wobei Low-Level-Proportionalzähler eingesetzt werden. Dabei werden sowohl Zerfälle mit direkter Auger-Elektronen-Emission (41%) als auch mit primärer K_α-Röntgenstrahlung (47%) erfaßt. Wichtig dabei ist die effiziente Untergrunddiskriminierung durch detaillierte Pulsformanalyse, wobei insbesondere unterschiedliche Anstiegzeiten zwischen Ge^{71} „Punktereignissen" und z. B. Compton-Elektronen ausgenutzt werden.

Arbeiten an diesem Projekt sowie an der Entwicklung einer kompletten Zähleinrichtung mit Koinzidenz-Antikoinzidenz-Spektrometer sind im Gange und werden in den nächsten Jahren einen Schwerpunkt unserer Arbeit bilden.

Vor der Entscheidung für das Ga-Experiment wurden auch Voruntersuchungen über die Durchführbarkeit eines Br-Kr-Experiments angestellt. Basierend auf der Reaktion $Br^{81}(\nu_e, e^-)Kr^{81}$ (allerdings mit einer Energieschwelle von 490 keV) könnte mit einem solchen Experiment der über ca. $^1/_2$ Million Jahre integrierte Neutrinofluß gemessen werden, da die Halbwertszeit des Kr^{81} 210 000a beträgt. Erforderlich ist dann aber ein natürliches bromhaltiges Target, das Kr über $^1/_2$ Million Jahre gespeichert hat und ausreichend gegen kosmische Strahlung abgeschirmt war. In Frage kommen dafür bromhaltige (0,15–0,3%) Kalisalze aus tiefen Lagern (900 m) des norddeutschen Zechsteins, und wir haben eine Eignungsuntersuchung solcher Salze durchgeführt. Edelgasretention, Urangehalte und K-Ar-Alter wurden untersucht. Als Hauptproblem stellt sich die Tatsache heraus, daß die Salze zuviel ($\sim 10^{-10}$ cm^3 NTP/g) gelöstes inaktives Krypton enthalten, so daß die nachzuweisende Menge von ca. 10^{-13} cm^3 Kr^{81} in ca. 1 cm^3 Krypton gewöhnlicher Zusammensetzung suspendiert wäre. Dies erfordert die massenspektrometrische Messung eines Kr^{81}/Ke^{82}-Verhältnisses von 10^{-12}, was z. Z. noch nicht möglich ist. Dies ist der Hauptgrund, warum das Experiment vorläufig zurückgestellt wurde. Es sind aber Überlegungen im Gange, durch Anwendung der neuen Laser-Resonanz-Ionisationstechnik eine Isotopenseparation zu bewirken, so daß in einigen Jahren ein solches Experiment durchführbar werden kann.

Einschlägige Arbeiten

Kirsten (1978b), (1979)

**Alphabetisches Verzeichnis der hauptbeteiligten an den Instituten tätigen
Mitarbeiter an den beschriebenen Arbeiten**

I.   A : E. Dreisigacker, T. Koch, B. Kromer, W. Roether, H. Schoch, B.
Schaule, W. Weiss
B : J. Dominik, A. Mangini, W. Rodorff, C. Sonntag
C : D. Christmann, N. Esser, C. Junghans, M. Münnich, J. Rudolph, C.
Sonntag, G. Thoma, U. Thorweihe
D : K-H. Fischer, B. Kromer, T. Zapf, W. Weiss

II. A : I. Baranyi, V. v. Drach, U. Fuhrmann, K. Hellmann, J. Hess, K.
Limbach, H. J. Lippolt, F. Oesterle, I. Raczek, H. Schleicher, W. Todt
B : K. Hellmann, J. Hess, H. J. Lippolt
C : I. Baranyi, J. Calvez, H. J. Lippolt, R. Pidgeon, U. Schorn
D : D. Miller, G. Wagner
E : W. Gentner, A. Stadler, G. Wagner

III. A : I. Levin, K. O. Münnich, J. Volpp, W. Weiss
B : D. Flothmann, B. Jähne, K. O. Münnich, U. Siegenthaler
C : M. Bruns, K. O. Münnich
D : W. Roedel
E : G. Fritz, W. Junkermann, W. Roedel, G. Schumann, D. Wagenbach
F : F. Arnold, D. Krankowsky
G : W. Joos, D. Krankowsky, L. Lake, P. Lämmerzahl

IV. A : B. Dominik, P. Horn, E. Jessberger, J. Jordan, J. Kiko, T. Kirsten, J.
Shukoljukov, Th. Staudacher
B : W. Hampel, G. Heusser, T. Kirsten, O. A. Schaeffer
C : M. Hübner, J. Kiko, T. Kirsten, M. Warhaut
D : D. Krankowsky

V.   A : K. Büchler, W. Hampel, G. Heusser, T. Kirsten, O. A. Schaeffer, R.
Schlotz

Liste der bereits erschienenen einschlägigen Publikationen seit 1977

a) Institut für Umweltphysik
b) Forschungsvorhaben radiometrische Altersbestimmungen von Wasser und
Sedimenten der Heidelberger Akademie der Wissenschaften
c) Laboratorium für Geochronologie
d) Max-Planck-Institut für Kernphysik

Fremdzitate und noch unveröffentlichte sowie frühere Arbeiten sind in der daran
anschließenden Referenzliste enthalten.

a) *Institut für Umweltphysik*

Dreisigacker E, Roether W (1978) Tritium and ^{90}Sr in North Atlantic surface water. Earth Planet Sci Lett 38: 301–312

Flothmann D, Lohse E, Münnich KO (1979) Gas exchange in a circular wind/water tunnel. Naturwissenschaften 66: 49–50

Hahne A, Volz A, Ehhalt DH, Cosatto H, Roether W, Weiss W, Kromer B (1978) Depth profiles of chlorofluoromethanes in the Norwegian Sea. Pure appl Geophys 116: 575–582

Heller A, Roedel W, Münnich KO, Stich W (1977) Decreasing release of ^{85}Kr into the atmosphere. Naturwissenschaften 64: 383

Jähne B, Münnich KO, Siegenthaler U (1979) Measurements of gas exchange and momentum transfer in a circular wind-water tunnel. Tellus 31: 321–329

Junkermann J, Roedel W, Leidner L (1978) 38-S in der Atmosphäre als Tracer für die Abbaugeschwindigkeit des SO_2. Ber Bunsenges Phys Chem 82: 1184–1185

Münnich KO, Clarke WB, Fischer KH, Flothmann D, Kromer B, Roether W, Siegenthaler U, Top Z, Weiss W (1978) Gas exchange and evaporation studies in a circular wind tunnel, continuous radon-222 measurements at sea, and tritium/helium-3 measurements in a lake. In: Favre A, Hasselmann K (eds) *Turbulent fluxes through the sea surface, wave dynamics, and prediction.* Plenum Press, New York, London, pp 151–166

Platt U (1978) Dry deposition of SO_2. Atmos Environ 12: 363–367

Roedel W (1979) Measurement of sulfuric acid saturation vapor pressure: implications for aerosol formation by heteromolecular nucleation. J Aerosol Sci 10: 375–386

Roedel W, Junkermann W (1978) High volume sampling of SO_2 for isotopic studies by gas absorption in small droplets. Atmos Environ 12: 2399–2402

Roedel W, Junkermann W, Leidner L (1977a) Radioactive ^{38}S in an atmospheric SO_2 and SO_2 oxidation rate measurement. Nature 268: 320–321

Roedel W, Leidner L, Junkermann W (1977b) Internal-gas radioactivity counting with pure H_2S as counting gas; Int J Appl Radiat Isot 28: 713–718

Roether W (1978) Wie sich das Wasser im Meer vermischt. DFG-Mitt 1: 20–21

Roether W (1979a) Use of oceanic tracers to determine the uptake of excess CO_2 into the ocean. In: Bach W, Pankrath J, Kellog WW (eds) *Man's impact on climate.* Elsevier, Amsterdam pp 109–114

Roether W (1979b) Antworten aus den Tiefen des Mittelmeeres. Das Forschungsschiff „Meteor" auf seiner 50. Fahrt. forschung 1: 8–10

Roether W, Kromer B (1978) Field determination of air-sea gas exchange by continuous measurement of radon-222. Pure Appl Geophys 116: 476–485

Roether W, Weiss W (1978) A transatlantic tritium section near 40°N, 1971. „Meteor" Forsch.-Ergebnisse Reihe A 20: 101–108

Slinn WG, Hasse L, Hicks BD, Hogan AW, Lal D, Liss PS, Münnich KO, Sehmel GA, Vittori O (1978) Wet and dry removal processes. In: The tropospheric transport of pollutants and other substances to the oceans. National Academy of Sciences, Washington, D. C, pp 53–123

Wagenbach D, Fritz G, Schumann G (1979) Trace element concentrations in the atmospheric aeresol in regions of different air pollution. J Aeresol Sci 10: 235–236

Weiss W, Fischer K-H, Kromer B, Roether W, Lehn H, Clarke WB, Top Z (1978) Gas exchange with the atmosphere and internal mixing of Lake Constance (Obersee). Verhandlungen der Gesellschaft f Ökologie, Kiel 1977, pp 153–161

Weiss W, Bullacher J, Roether W (1979a) Evidence of pulsed discharges of tritium from nuclear energy installations in Central European precipitation. In: *Behaviour of tritium in the environment.* IAEA, Wien, pp 17–30

Weiss W, Roether W, Dreisigacker E (1979b) Tritium in the North Atlantic ocean: inventory, input and transfer into the deep water. In: *Behaviour of tritium in the environment.* IAEA, Wien, pp 315–336

b) *Forschungsvorhaben Radiometrische Altersbestimmung von Wasser und Sedimenten der Heidelberger Akademie der Wissenschaften*

Dominik J, Mangini A (1979) Late quaternary sedimentation rate variations on the Mediterranean Ridge, as results from the ^{230}Th excess method. Sediment Geol 23: 95–112

Dominik J, Förstner U, Mangini A, Reineck HE (1979) ^{210}Pb and ^{137}Cs Chronology on heavy metal pollution in a sediment core from the German Bight (North Sea). Senckenbergiana Maritima 10: 36–42

Mangini A (1978) Thorium and uranium isotope analyses on „Meteor" core 12310, NW African Continental Rise. „Meteor" Forschungsergeb Reihe C 29: 6–13

Mangini A, Dominik J (1979) Late quaternary sapropel on the Mediterranean Ridge: U-budget and evidence for low sedimentation rates. Sediment Geol 23: 113–125

Mangini A, Sigl W (1977) Allogenic uranium in Ionian Sea Sapropels. Rapp Comm Int Mer Médit 24: 75–77

Mangini A, Sonntag C (1977) ^{231}Pa dating of Deep Sea Cores via ^{227}Th counting. Earth Planet Sci Lett 37: 251–256

Mangini A, Sonntag C, Bertsch G, Müller E (1979) Evidence for a higher, natural U-content in world rivers. Nature 278: 327–329

Matthes G, Münnich KO, Sonntag C (1978) Die praktische Bedeutung des Grundwasser-Modellalters für den Grundwasserschutz. gwf Wasser/Abwasser 119: 9–13

Müller G, Dominik J, Mangini A (1979) Euthrophication changes sedimentation in part of Lake Constance. Naturwissenschaften 66: 261–262

Münnich KO, Sonntag C (1977) Methoden zur Bestimmung der Grundwassererneuerung. Geol Jahrb C 19: 3–98

Sonntag C, Neureuther P, Kalinke C, Münnich KO, Klitzsch E, Weistroffer K (1976) Zur Paläoklimatik der Sahara: Kontinentaleffekt im D- und ^{18}O-Gehalt pluvialer Saharawässer. Naturwissenschaften 63: 10–479

Sonntag C, Klitzsch E, El Shazly EM, Kalinke C, Münnich KO (1978) Paläoklimatische Information im Isotopengehalt ^{14}C datierter Saharawässer: Kontinentaleffekt in D und ^{18}O. Geol Rundsch 67: 413–424

Sonntag C, Klitzsch E, Löhnert EP, El Shazly EM, Münnich KO, Junghans C, Thorweihe U, Weistroffer K, Swailem FM (1979) Paleoclimatic information from deuterium and oxygen-18 in carbon-14-dated North Saharian groundwaters. In: Isotope hydrology 1978, vol II. IAEA, Wien, pp 569–581

Thoma G, Esser N, Sonntag C, Weiss W, Rudolph J, Leveque P (1979) New technique of in-situ soil moisture sampling for environmental isotope analysis applied at Pilat Sand Dune near Bordeaux – HETP modelling of bomb tritium propagation in the unsaturated zones. In: Isotope hydrology 1978, vol II. IAEA, Wien, pp 753–768

Zimmermann U (1978) Isotopenhydrologie von Baggerseen. Bestimmungen des unterirdischen Zu- bzw. Abflusses und der Evaporation mit Hilfe des natürlichen Deuterium- bzw. Sauerstoff-18-Gehalts des Seewassers. Steir Beitr Hydrogeol 30: 139–167

c) Laboratorium für Geochronologie

Calvez JY, Lippolt HJ (1977) Sr-Isotopen-Untersuchungen an vulkanischen Gesteinen des Oberrheingrabengebietes. Fortschr Mineral 55, Beih 1: 22–25

Cantarel P, Lippolt HJ (1977) Alter und Abfolge des Vulkanismus der Hocheifel. Neues Jahrb Geol Paläontol Monatsh 10: 600–612

Drach V von (1978) Mineralalter im Schwarzwald, die jüngere Geschichte der variscischen Gebirgsbildung aufgrund isotopischer Altersbestimmungen. Dissertation, Universität Heidelberg

Lippolt HJ (1977) Isotopische Salz-Datierung: Deutung und Bedeutung. Aufschluß 28: 369–389

Lippolt HJ (1978) K-Ar-Untersuchungen zum Alter des Rhön-Vulkanismus. Fortschr Mineral 56, Beih 1: 85

Lippolt HJ, Oesterle FP (1977) Argon retentivity of the mineral Langbeinite. Naturwissenschaften 64: 90

Lippolt HJ, Raczek I (1979) Isotopische Altersbestimmungen an vulkanischen Biotiten des Saar-Nahe-Perm. Fortschr Mineral 57, Beih 1

Lippolt HJ, Todt W (1978) Isotopische Altersbestimmungen an Vulkaniten des Westerwaldes. Neues Jahrb Geol Paläontol Monatsh 6: 332–352

Lippolt HJ, Schorn U, Pidgeon RT (1977) Blei-Isotopen-Untersuchungen an Bleiglanz des Schwarzwaldes und der Bleiglanzbank des Keupers. Fortschr Mineral 55, Beih 1

Lippolt HJ, Raczek I, Hellmann KN (1978) Das Rb-Sr-Alter des Lenzkirch-Steina-Granits im Südschwarzwald. Fortschr Mineral 56, Beih 1: 86

Oesterle FP, Lippolt HJ (1977) Massenspektrometrische Rb-Sr-Untersuchungen an Mineralien der Oberrheinischen Kalisalzlagerstätte. Fortschr Mineral 55, Beih 1: 103–105

d) Max-Planck-Institut für Kernphysik

Arnold F, Henschen G (1978) First mass analysis of stratospheric negative ions. Nature 257: 521

Arnold F, Krankowsky D (1977a) Rate constants of $NO^+ \cdot N_2$ at low temperatures. J Atmos Terr Phys 39: 625

Arnold F, Krankowsky D (1977b) Water vapour concentrations at the mesopause. Nature 268: 218

Arnold F, Krankowsky D (1977c) Ion composition and ion-electron loss processes in the earth's atmosphere. In: Grandal B, Holtet JA (eds) Dynamic and chemical coupling of the neutral and ionized atmosphere. Reidel, Dordrecht, p 93

Arnold F, Krankowsky D, Marien KH (1977a) First mass spectrometric measurements of positive ions in the stratosphere. Nature 267: 30

Arnold F, Krankowsky D, Marien KH, Joos W (1977b) A mass spectrometer probe for composition and structure analysis of the middle atmosphere plasma and neutral gas. J Geophys 44: 125

Arnold F, Böhringer H, Henschen G (1978) Composition measurements of stratospheric positive ions. Geophys Res Lett 5: 653

Büchler K, Kiko J, Kirsten T, Plieninger T, Warhaut M (1977) He- and Ne-depth profiles in lunar soil particles. In: Lunar Science, vol VIII. The Lunar Sci Inst, Houston, p 148

Chandra S, Krankowsky D, Lämmerzahl P, Spencer NW (1979) Auroral origin of medium scale gravity waves in neutral composition and temperature. J Geophys Res 84: 1891

Clayton DD (1977a) Astrophysical implications of isotopic anomalies. Meteoritics 12: 195

Clayton DD (1977b) Origin of Ca-Al-rich inclusions in Allende. Meteoritics 12: 197

Clayton DD (1977c) Cosmoradiogenic ghosts and the origin of Ca-Al-rich inclusions. Earth Planet Sci Lett 35: 398

Clayton DD (1977d) Interstellar potassium and argon. Earth Planet Sci Lett 36: 381

Dominik B (1977) Shock and thermal transformations in meteorites from the Morasko Crater field. Meteoritics 12: 207

Dominik B, Jessberger EK (1978) Early lunar differentiation: 4.42 AE old plagioclase clasts in Apollo 16 breccia 67435. Earth Planet Sci Lett 38: 407

Dominik B, Jessberger EK, Staudacher Th, Nagel K, El Goresy A (1978a) A new type of white inclusion in Allende: petrography, mineral chemistry, ^{40}Ar-^{39}Ar ages and genetic implications. Geochim Cosmochim Acta [Suppl] 10: 1249

Dominik B, Jessberger EK, Staudacher Th, Nagel K, El Goresy A (1978b) Geochemistry and dating of a new type white inclusion of Allende. In: Lunar and Planetary Science vol IX. The Lunar and Planet Sci Inst, Houston, p 594

Fireman EL, Rancitelli LA, Kirsten T (1979) Terrestrial ages of four Allan Hills meteorites: Consequences for Antarctic ice. Science 203: 453

Gentner W (1977a) Naturwissenschaftliche Forschungsmethoden in Archäologie, Früh- und Urgeschichte. Phys Bl 33: 635

Gentner W (1977b) Naturwissenschaftliche Untersuchungen an einem archaischen Silberschatz. Festvortrag anläßlich der Hauptversammlung der MPG in Kassel. MPG-Jahrbuch, p 19

Gentner W (1979) Collisions of meteorites with planets. Interdiscip Sci Rev 3: 121

Gentner W, Müller O, Wagner GA, Gale NH (1978) Silver sources of archaic Greek coinage. Naturwissenschaften 65: 271

Hampel W, Müller O (1977) Spallogenic Mn-53 in the Mundrabilla iron meteorite: a contribution to its cosmic ray exposure history. Meteoritics 12: 249

Hampel W, Schaeffer OA (1979) ^{26}Al in iron meteorites and the constancy of cosmic ray intensity in the past. Earth Planet Sci Lett 42: 348

Heusser G, Schaeffer OA (1977) ^{37}Ar and ^{39}Ar in meteorites and the spatial cosmic ray gradient. Earth Planet Sci Lett 33: 420 (und in: Low radioactivity measurements and applications. Proc Int Conf, The High Tatras, CSSR, 1975, Slovenské Pedagogické Nakladatel'stvo, Bratislava, p 417)

Heusser G, Hampel W, Kirsten T, Schaeffer OA (1978) Cosmogenic isotopes in recently fallen meteorites. Meteoritics 13: 492

Horn P, Kirsten T (1977) Lunar highland stratigraphy and radiometric dating. Philos Trans R Soc London [A] 285: 145

Jacobsen TA, Lämmerzahl P, Hettmannsperger E, Krankowsky D, Tröim J, Maehlum BN (1979) Results from a rocket measurement of the neutral and ionized lower F-region composition in association with an auroral arc. Space Res XIX: 321

Jessberger EK (1977) Comment on: identification of excess ^{40}Ar by the ^{40}Ar/^{39}Ar spectrum technique by Lanphere MA, and Dalrymple GB. Earth Planet Sci Lett 37: 167

Jessberger EK, Dominik B (1979) Gerontology of the Allende meteorite. Nature 277: 554

Jessberger EK, Dominik B, Kirsten T, Staudacher Th (1977a) New ^{40}Ar-^{39}Ar ages of Apollo 16 breccias and 4.42 AE old anorthosites. In: Lunar Science, vol VIII. The Lunar Sci Inst, Houston, p 511

Jessberger EK, Dominik B, Schaeffer OA, Staudacher Th (1977b) K-Ar systematics of impact breccias from the Nördlinger Ries. EOS 58: 921

Jessberger EK, Kirsten T, Staudacher Th (1977c) One rock and many ages – Further K-Ar data on Consortium breccia 73215. Geochim Cosmochim Acta [Suppl] 8: 2567

Jessberger EK, Staudacher, Th, Dominik B, Herzog GF (1977d) ^{40}Ar-^{39}Ar dating of the Pueblito de Allende meteorite. Meteoritics 12: 266

Jessberger EK, Staudacher Th, Dominik B, Kirsten T (1977e) „Alte" Einschlüsse in „jungen" Mondbrekzien. Fortschr Mineral 55: 169

Jessberger EK, Staudacher Th, Dominik B, Kirsten T (1978a) Argon-argon ages of aphanite samples from Consortium breccia 73255. Geochim Cosmochim Acta [Suppl] 10: 841

Jessberger EK, Staudacher Th, Dominik B, Kirsten T, Schaeffer OA (1978b) Limited response of the K-Ar system to the Nördlinger Ries Giant meteorite impact. Nature 271: 338

Jordan J, Kirsten T (1978) The Clayton Plot. US Geol Survey Open-File Rep 78–701: 204

Jordan J, Kirsten T, Richter H (1977) I-Xe dating of selected ordinary chondrites. Meteoritics 12: 269

Jordan J, Kirsten T, Richter H (1978) More Indians join the Arapahoe (L5) tribe in I-Xe dating. Meteoritics 13: 506

Kelly WC, Wagner GA (1977) Paleothermometry by combined application of fluid inclusion and fission track methods. Neues Jahrb Mineral Monatsh 1

Kiko J, Kirsten T, Warhaut M (1977) He and Ne depth profiles in olivine from lunar soil 71501, 23. Meteoritics 12: 274

Kiko J, Kirsten T, Ries D (1978a) Distribution properties of implanted rare gases in individual olivine crystals from the lunar regolith. Geochim Cosmochim Acta [Suppl] 10: 1655

Kiko J, Kirsten T, Ries D (1978b) Peculiarities of solar wind in lunar olivines. In: Lunar and Planetary Science, vol IX. The Lunar and Planet. Sci. Inst., Houston, p 621

Kiko J, Müller HW, Büchler K, Kalbitzer S, Kirsten T, Warhaut M (1979a) The gas ion probe: a novel instrumentation for analyzing concentration profiles of gases in solids. Int J Mass Spectrom Ion Phys 29: 87

Kiko J, Warhaut M, Kirsten T (1979b) Solar wind noble gas distribution in lunar ilmenites and correlated element fractionation. In: Lunar and Planetary Science, vol IX. The Lunar and Planet. Sci. Inst., Houston, p 664

King EA, Herzog GF (1978) Six meteorites from Kansas: petrographic observations and rare gases. Meteoritics 13: 193

Kirsten T (1977a) Neuere Aspekte in der K-Ar Datierung. Fortschr Mineral 55: 170

Kirsten T (1977b) Rare gases implanted in lunar fines. Philos Trans R Soc London [A] 285: 391

Kirsten T (1978a) Time and solar system. In: Dermott SF (ed) Origin of the solar system. Wiley, London, p 267

Kirsten T (1978b) Further consideration of the ^{81}Br-^{81}Kr system. Proc. Informal Conf. on Status and Future of Solar Neutrino Research. BNL 50879, 1: 305

Kirsten T, Dominik B (1977) Rare gases and modal composition of special surface sample 69004. Meteoritics 12: 278

Kirsten T, Hampel W (1977) Weak radioactivities induced by cosmic ray muons in terrestrial minerals. In: Low radioactivity measurements and applications. Proc. Int. Conf., The High Tatras, CSSR, 1975, Slovenské Pedagogické Nakladatel'stvo, Bratislava, p 427

Kirsten T, Jordan J, Richter H, Pellas P, Storzer D (1977) Plutonium in phosphates from ordinary chondrites inferred from xenon and track data. Meteoritics 12: 279

Kirsten T, Jordan J, Richter H, Pellas P, Storzer D (1978a) Plutonium and uranium distribution patterns in phosphates from ten ordinary chondrites. US Geol Survey Open-File Rep 78–701: 215

Kirsten T, Ries D, Fireman EL (1978b) Exposure ages and terrestrial age of Allan Hills Antarctic meteorites. Meteoritics 13: 519

Köhnlein W, Krankowsky D (1979) AEROS-B: annual variations of He, N, O, N_2 and Ar during low solar activity at 11 and 16 hrs local time. Space Res XIX: 251

Köhnlein W, Krankowsky D, Lämmerzahl P, Volland H (1979a) Annual variations of He, N, O, N_2, and Ar as derived from mass spectrometer data of AEROS-A and AEROS-B. J. Geomagn Geoelectr [Suppl] 31: S85

Köhnlein W, Krankowsky D, Lämmerzahl P, Joos W, Volland H (1979) A thermospheric model of the annual variations of He, N, O, N_2 and Ar from the AEROS-NIMS data. J Geophys Res 84: 4355

Krätschmer W, Gentner W (1977) A long-term change in the cosmic ray composition? Studies of fossile cosmic ray tracks in lunar samples. Philos Trans R Soc London [A] 285: 593

Lämmerzahl P, Rawer K, Schmidtke G (1979) The AEROS satellites: data basis and integrated analysis. J Geomagn Geoelectr [Suppl] 31: S9

Mauersberger K, Zahn U von, Krankowsky D (1979) Upper limits on argon isotope abundances in the venus thermosphere. Geophys Res Lett 6: 671

Miller DS, Wagner GA, Jäger E (1978) Fission track ages on apatite, sphene, and zircon of Bergell rocks from Central Alps and of Bergell boulders in oligocene sediments. US Geol Survey Open-File Rep 78–701: 297

Müller HW, Schaeffer OA (1978) A new approach to decipher the origin of the carbonaceous chondrite fission krypton and xenon. Earth Planet Sci Lett 39: 358

Müller O (1977) Chemical studies of the Mundrabilla iron meteorite by neutron activation. J Radioanal Chem 38: 499

Müller O (1978) Zur Geochemie der leichten Elemente, insbesondere des Stickstoffs in Mondgesteinen. Chem Erde 37: 1

Pellas P, Storzer D, Kirsten T, Jordan J, Richter H (1979) Pu-244/U-238 ratios in whitlockites of ordinary chondrites: A possible chronological tool. In: Lunar and Planetary Science, vol X. The Lunar and Planet. Sci. Inst., Houston, p 969

Pernicka E, Wagner GA (1979) Primary and interlaboratory calibration of beta sources using quartz as thermoluminescent phosphor. Ancient TL 6: 2

Reedy RC, Herzog GF Jessberger EK (1978) Depth variation of spallogenic nuclides in meteorites. In: Lunar and Planetary Science, vol IX. The Lunar and Planet. Sci. Inst., Houston, p 940

Roemer M, Framke W, Krankowsky D, Spencer, NW (1979a) Comparison of atmospheric density data from mass spectrometers and atmospheric drag on the AEROS satellites. J Geomagn Geoelectr [Suppl] 31: S71

Roemer M, Framke W, Krankowsky D, Spencer NW (1979b) Gas densities near 230 km from orbital drag and mass spectrometer measurements – A comparison. Space Res XIX: 247

Schubiger PA, Müller O, Gentner W (1977) Neutron activation analysis on ancient Greek silver coins and related materials. J Radioanal Chem 39: 99

Spenner K, Wolf H, Hirao K, Lämmerzahl P (1979) Intercomparison of F-region electron temperatures measured by the satellites AEROS-B and TAIYO. J Geomagn Geoelectr [Suppl] 31: S21

Staudacher Th, Jessberger EK, Kirsten T (1977) ^{40}Ar-^{39}Ar age systematics of Consortium breccia 73215 II. In: Lunar Science, vol VIII. The Lunar Sci. Inst., Houston, p 896

Staudacher Th, Dominik B, Jessberger EK, Kirsten T (1978a) Consortium breccia 73255: ^{40}Ar-^{39}Ar dating. In: Lunar and Planetary Science, vol IX. The Lunar and Planet. Sci. Inst., Houston, p 1098

Staudacher Th, Jessberger EK, Dörflinger D, Kiko J (1978b) A refined ultrahigh-vacuum furnace for rare gas analysis. J Phys E 11: 781

Staudacher Th, Dominik B, Flohs I, Jessberger EK, Kirsten T (1979) New ^{40}Ar-^{39}Ar ages for aphanites and clasts of Consortium breccia 73255. In: Lunar and Planetary Science, vol X. The Lunar and Planet. Sci. Inst., Houston, p 1163

Storzer D, Wagner GA (1977) Fission track dating of meteorite impacts, Meteoritics 12: 368

Trinks H, Zahn U von, Reber CA, Hedin AE, Spencer NW, Krankowsky D, Lämmerzahl P, Kayser DC, Nier AO (1977 Intercomparison of neutral composition measurements from the satellites ESRO 4, AEROS-A, AEROS-B and Atmosphere Explorer C. J Geophys Res 82: 1261

Wagner GA (1977a) Age determination and source identification of obsidian artifacts by fission track analysis. Proc. Nordic Conf. Thermoluminescence Dating Archaeometr. Meth., Uppsala, 1976, Risø Nat. Lab., Roskilde, Denmark, p 143

Wagner GA (1977b) Matters arising: fission-track dating of Pumice from the KBS-tuff, East Rudolph, Kenya. Nature 267: 649

Wagner GA (1977c) Spaltspurendatierungen an Apatit und Titanit aus dem Ries: Ein Beitrag zum Alter und zur Wärmegeschichte. Geol Bavarica 75: 349

Wagner GA (1978) Archaeological applications of fission-track dating. Nucl Track Detection 2: 51

Wagner GA (1979a) Correction and interpretation of fission track ages. In: Jäger E, Hunziker JC (eds) Lectures in isotope geology. Springer, Berlin Heidelberg New York, p 170

Wagner GA (1979b) Archaeometric dating. In: Jäger E, Hunziker JC (eds) Lectures in isotope geology. Springer, Berlin Heidelberg New York, p 178

Wagner GA, Bischoff H (1977) Echtheitstests mittels Thermoluminiszenz an altchinesischen Keramikplastiken. Archäol Naturwiss 1: 20

Wagner GA, Carpenter BS (1977) Matters arising: liquid enhancement of partially annealed fission tracks in glass. Nature 267: 182

Wagner GA, Miller DS (1978) Cooling history of rocks in the Ries Crater revealed in fission track analysis. US Geol Survey Open-File Rep 78–701: 440

Wagner GA, Weisgerber G (1979) The ancient silvermine at Ayos Sostis on Siphnos (Greece). Archaeo-Physika 10: 209

Wagner GA, Reimer GM, Jäger E (1977) Cooling ages derived by apatite fission-track, mica Rb-Sr and K-Ar dating: the uplift and cooling history of the Central Alps. Mem Ist Geol Mineral Univ Padova XXX: 3

Wagner GA, Gentner W, Gropengiesser H (1979) Evidence for third millenium lead-silver mining on Siphnos Island (Cyclades). Naturwissenschaften 66: 157

Warhaut M, Kiko J, Kirsten T (1979) High resolution depth profiles of solar wind implanted rare gases in lunar minerals and gases. In: Lunar and Planetary Sciences, vol X. The Lunar and Planet. Sci. Inst., Houston, p 1286

Zahn U von, Fricke KH, Hoffmann H-J, Pelka K (1979a) Venus: Eddy coefficients in the thermosphere and the inferred helium content of the lower atmosphere. Geophys Res Lett 6: 337

Zahn, U von, Krankowsky D, Mauersberger M, Nier AO, Hunten DM (1979b) The venus thermosphere: in situ composition measurements, the temperature profile, and the homopause altitude. Science 203: 768

Weitere Referenzen zum Text

Ahrens W (1941) Pliozäne Basalte im Westerwald. Ber Reichsstelle Bodenforsch Wien 194–202

Arnold F, Krankowsky D (1971) Negative ions in the lower ionosphere: a comparison of a model computation and a mass-spectrometric measurement. J Atmos Terr Phys 33: 1963

Arnold F, Krankowsky D (1974) Measurements of $H_2O_2^+$ in the D-region and implications for mesospheric H_2O_2. Geophys Res Lett 1: 243

Arnold F, Krankowsky D (1979) Mid latitude lower ionosphere structure and composition measurements during winter. J Atmos Terr Phys 41: 1127

Arnold F, Kissel J, Krankowsky D, Wieder H, Zähringer J (1971) Negative ions in the lower ionosphere: A mass spectrometric measurement. J. Atmosph. Terr. Phys. 33, 1169

Baranyi I, Lippolt HJ, Todt W (1976) Kalium-Argon-Altersbestimmungen an tertiären Vulkaniten des Oberrheingrabens. II. Eine K-Ar-Traverse vom Hegau nach Lothringen. Oberrheinische Geol Abh 25: 41–62

Brewer MS, Lippolt HJ (1974) Petrogenesis of basement rocks of the Upper Rhine region elucidated by Rb-Sr systematics. Contrib Mineral Petrol 45: 123–141

Brookins DG, Register JK (1978) Correspondence: burying high level wastes. Nature 273: 704

Bruns M, Münnich KO, Becker B (1979) Radiocarbon variations from 250 to 700 AD. In: Broecker W, Jacoby G (eds) Proceedings. International Meeting on Stable Isotopes in Tree-Ring research, Mohonk Mountain House, New Paltz, N. Y.

Bruns M, Münnich KO, Becker B (1980) Natural radiocarbon variations from 200 to 800 AD. In: Proc. of the 10th International Radiocarbon Conference Berne/Heidelberg, August 1979. Proceedings Volume of Radiocarbon, New Haven, Ct., in press

Cassidy WA, Olsen E, Yanai K (1977) Antarctica: a deep-freeze storehouse for meteorites. Science 198: 727–731

Chandra S, Spencer NW, Krankowsky D, Lämmerzahl P (1976) A comparison of measured and inferred temperatures from AEROS-B. Geophys Res Lett 3: 718

Ceplecha Z, McCrosky R (1976) Fireball endheigths: a diagnostic for the structure of meteoritic material. J Geophys Res 81: 6257–6275

Compston W, Foster J, Gray C (1977) Rb-Sr systematics in clasts and aphanites from consortium breccia 73215. In: Proc. Lunar Sci. Conf. 8th, pp 2525–2549

Craig H, Gordon LI (1965) Deuterium and oxygen-18 variations in the ocean and the marine atmosphere. In: Tangiorgi E (ed) Stable isotopes in oceanographic studies and paleo-temperatures. Lischi, Pisa

Damon PE, Teichmüller R (1971) Das absolute Alter des sanidinführenden kaolinitischen Tonsteines im Flöz Hagen 2 des Westfal C im Ruhrrevier. Fortschr Geol, Rheinl Westfalen 18: 53–56

Dörr H, Münnich KO (1980) Carbon-14 and carbon-13 in soil CO_2. In: Proc. of the 10th International Radiocarbon Conference Berne/Heidelberg, August 1979. Proceedings Volume of Radiocarbon, New Haven, Ct., in press

Drach V von, Lippolt HJ (1974) Herkunft eines dioritischen Gesteins des Nordschwarzwaldes, gedeutet aufgrund seiner K-Rb-Sr-Eigenschaften. Neues Jahrb Mineral Abh 122/3: 229–245

Drach V von, Lippolt HJ (1975) Varicische Strontium-Isotopenhomogenisierung in Gesteinen des Südschwarzwaldes. Fortschr Mineral 53, Beih 1: 15

Drach V von, Lippolt HJ (1976) Mineral- und Gesteinsalter von Graniten am Beispiel des Nordschwarzwaldes. Fortschr Mineral 54, Beih 1: 14

Drozd R, Podosek F (1976) Primordial ^{129}Xe in meteorites. Earth Planet Sci Lett 31: 15–30

Duncan RA, Petersen N, Hargraves RB (1972) Mantle plumes, movement of the European Plate and Polar wandering. Nature 239: 82–86

Emiliani C (1978) The cause of the ice ages. Earth Planet Sci Lett 37: 349–352

Frechen D, Lippolt HJ (1965) Kalium-Argon-Daten zum Alter des Laacher Vulkanismus, der Rheinterrassen und der Eiszeiten. Eiszeitalter Ggw 16: 5–30

Ferguson EE (1974) Laboratory measurements of ionospheric ion-molecule reaction rates. Rev Geophys Space Phys 12: 703

Füchtbauer H (1958) Die petrographische Unterscheidung der Zechsteindolomite im Emsland durch ihren Säurerückstand. Erdöl und Kohle 11: 689–693

Gentner W, Wagner G (1969) Altersbestimmungen an Riesgläsern und Moldaviten. Geol Bavarica 61: 296–303

Hedin AE, Mayr HG, Reber CA, Spencer NW, Carignan GR (1974) Empirical model of global thermospheric temperature and composition based on data from the OGO-6 quadrupole mass spectrometer. J Geophys Res 79: 215

Hellmann KN (1977) Chronometrische Eichung einer Trias-Zeit-Marke. Dissertation, Universität Heidelberg

Hellmann KN, Lippolt HJ (1976) Chronometrische und strukturelle Untersuchungen an vulkanogenen Kalifeldspäten der Anis/Ladin-Grenze. Fortschr Mineral 54, Beih 1: 29

Herzog G, Anders E, Alexander EC, Davis P, Lewis R (1973) ^{129}I–^{129}Xe-age of magnetite from the Orgueil meteorite. Science 180: 489–491

Hines CO (1960) Internal atmospheric gravity waves at ionospheric height. Can J Phys 38: 1441

Hoffman J, Hodges R, McElroy M, Donahue T, Kolpin M (1979) Venus lower atmospheric composition: preliminary results from Pioneer Venus. Science 203

Houtermans FG (1953) Determination of the age of the earth from isotopic composition of meteoritic lead. Nuovo Cimento 10: 1623–1633

Jähne B, Münnich KO (1979) Momentum induced gas exchange through a smooth water surface; models und experimental results from linear und circular wind-water tunnels. In: Symposium on capillary waves and gas exchange, Trier 2–6.7.1979, DFG Sonderforschungsbereich Meeresforschung Hamburg

Jähne B, Siegenthaler U (1979) The influence of surface tension on gas exchange; measurements of gas exchange with alcohol/water mixtures in a circular wind-water tunnel. In: Symposium on capillary waves and gas exchange, Trier 2–6.7.1979, DFG Sonderforschungsbereich Meeresforschung Hamburg

James O (1976) Petrology of aphanitic lithologies in consortium breccia 73215. In: Proc. Lunar Sci. Conf. 7th, pp 2145–2178

Jong AFM de, Mook WG, Becker B (1979) Confirmation of the Suess wiggles 3200–3700 B.C. Nature 280: 48

Joos W (1977) Die globale Verteilung von atmosphärischem atomarem Stickstoff aus den Messungen des Neutralgas- und Ionenmassenspektrometers auf AEROS-B. Dissertation, Universität Heidelberg

Kirsten T (1979) Status report on the proposed Gallium Solar Neutrino Experiment. In: Proceedings „Neutrino 79", Bergen, Norway, preprint

Krankowsky D, Arnold F, Wieder H, Kissel J (1972) The elemental and isotopic abundance of metallic ions in the lower E-region as measured by a cryogenically pumped quadrupole mass spectrometer. Int J Mass Spectrom Ion Phys 8: 379

Krankowsky D, Lämmerzahl P, Bonner F, Wieder H (1974) The AEROS neutral and ion mass spectrometer. J Geophys 40: 601

Krankowsky D, Arnold F, Friedrich VH, Offermann D (1979) Neutral atmospheric composition measurements during the Western European Winter Anomaly Campaign 1975/76. J Atmos Terr Phys 41: 1085

Kreuzer H, Harre W (1975) K/Ar-Altersbestimmungen an Hornblenden und Biotiten des kristallinen Odenwaldes. Aufschluß Sonderh 27: 71–77

Lake LR, Krankowsky D (1975) Influence of surface recombination in satellite atomic oxygen measurements inferred from the AEROS-A mass spectrometer. Geophys Res Lett 2: 545

Lämmerzahl P, Bauer SJ (1974) The AEROS mission. J Geophys 40: 571

Levin I (1978) Regionale Modellierung des atmosphärischen CO_2 aufgrund von ^{13}C und ^{14}C-Messungen. Diplomarbeit, Universität Heidelberg

Levin I, Münnich KO, Weiss W (1980) The effect of anthropogenic CO_2 and C-14-sources on the distribution of C-14 in the atmosphere. In: Proc. of the 10th International Radiocarbon Conference Berne/Heidelberg, August 1979. Proceedings Volume of Radiocarbon, New Haven, Ct., in press

Lippolt HJ (1976a) Das pliozäne Alter der Bertenauer Basalte/Westerwald. Aufschluß 27: 205–208

Lippolt HJ (1976b) Der Vertrauensbereich permischer Glimmer-Modell-Alter aus dem Saar-Nahe-Gebiet. Neues Jahrb Geol Paläont Monatsh 8: 471–478

Lippolt HJ (1979a) Kalium-Argon-Altersbestimmungen und zeitliche Korrelation des mitteleuropäischen Tertiärvulkanismus.

Lippolt HJ, Raczek I (1979a) Rinneite dating of episodic events in German potash salt rocks. J Geophys 46: 225–228

Lippolt HJ, Raczek I (1979b) Cretaceous Rb-Sr-Total rock ages of Permian salt rocks. Naturwissenschaften 66: 422–423

Lippolt HJ, Todt W, Baranyi I (1973) Kalium-Argon-Altersbestimmungen zum Spessart- und Vogelsberg-Vulkanismus (abstr). In: Tagungsunterlagen 125. Hauptversammlung der Deutschen Geol. Ges. Frankfurt/Main, S 17–18

Lippolt HJ, Baranyi I, Todt W (1975a) Die Kalium-Argon-Alter der postpermischen Vulkanite des nordöstlichen Oberrheingrabens. Aufschluß Sonderh 27: 205–212

Lippolt HJ, Baranyi I, Raczek I (1975b) Das Rb-Sr-Gesamtgesteinsalter des Granitgneises vom Böllsteiner Odenwald. Fortschr Mineral 53, Beih 1: 48

Lippolt HJ, Raczek I, Baranyi I (1975c) Isotopische Untersuchungen an Lamprophyren des Südschwarzwaldes. Fortschr Mineral 53, Beih 1: 49

Lippolt HJ, Horn P, Todt W (1976) Kalium-Argon-Alter von Mineralien und Einschlüssen der Basaltvorkommen Katzenbuckel und Roßberg. Neues Jahrb Mineral Abh 127 3: 242–260

MacIntyre RM (1978a) Correspondence: burying high level wastes. Nature 271: 605–606

MacIntyre RM (1978b) Correspondence: burying high level wastes. Nature 274: 716

Manka RH, Michel FC (1971) Lunar atmosphere as a source of lunar elements. In: Proc. Lun. Sci. Conf. 2nd, pp 1717–1728

Mauersberger K, Engebretson JM, Potter WE, Kayser DC, Nier AO (1975) Atomic nitrogen measurements in the upper atmosphere. Geophys Res Lett 2: 337

Mazor E (1972) Paleotemperatures and other hydrological parameters deduced from noble gases in groundwaters; Jordan Rift Valley, Israel. Geochim Cosmoschim Acta 36: 1321

Miller DS, Wagner GA (1979) Age and intensity of thermal events by fission track analysis: the Ries impact crater. Earth Planet Sci Lett 43: 351–358

Müller PJ, Mangini A (1979) Organic carbon decomposition rates in sediments of the Pacific Manganese Nodule Belt dated by ^{230}Th and ^{231}Pa.

Münnich KO, Flothmann D (1975) Gas exchange in relation to other air/sea interaction phenomena. In: SCOR Workshop on „Air/sea Interaction Phenomena", Miami 8–12

Dec. 1975. Background Papers, prepared for the Ocean Sciences Board. Natl. Res. Council, Washington, D.C., pp 309–320

Narcisi RS, Bailey AD, Della Luca L, Sherman C, Thomas DM (1971) Mass spectrometric measurement of negative ions in the D- and lower E-region. J Atmos Terr Phys 33: 1147

Niemeyer S (1979) I–Xe dating of silicate and troilite from IAB iron meteorites. Geochim Cosmochim Acta 43: 843–860

Oesterle FP, Lippolt HJ (1975) Alter der Langbeinitbildung in den Kalilagern des Fulda- und Werrabeckens. Fortschr Mineral 53, Beih 1: 62

Oesterle FP, Lippolt HJ (1976) Langbeinitdatierung und Kalisalzmetamorphosen. Nachr Dtsch Geol Ges 15: 22–23

Pellas P, Storzer D (1977) On the early thermal history of chondritic asteroids derived by 244-plutonium fission track thermometry. In: Delsemme A (ed) The interrelated origin of comets, asteroids and meteorites. Univ. of Toledo publications

Podosek F (1978) Isotopic structures in solar materials. Ann Rev Astron Astrophys 16: 293–334

Ribbat B, Roether W, Münnich KO (1976) Turnover of Eastern Caribbean deep water from C-14 measurements. Earth Planet Sci Lett 32: 331–341

Roether W, Weiss W (1975) On the formation of the outflow through the Strait of Gibraltar. Geophys Res Lett 2: 301

Shukoljukov J, Kirsten T, Jessberger E (1974) The Xe–Xe spectrum technique, a new dating method. Earth Planet Sci Lett 24: 271–281

Stadler A, Wagner GA (1979) Thermoluminescence dating of ceramics: laboratory simulation of the natural radiation dose. Council of Europe PACT 3: 448

Strigel A (1932) Über Granite des südöstlichen Schwarzwaldes. Geol Rundsch XXIII 2: 142–143

Suess HE (1970) The three causes of the secular C-14 fluctuations, their amplitudes and time constants. In: Olsson IU (ed) Proceedings of the 12th Nobel Symposium

Suess HE (1979) Ist die Sonnenaktivität für Klimaschwankungen verantwortlich? Umschau 79

Todt W, Lippolt HJ (1975a) K-Ar-Altersbestimmungen an Vulkaniten bekannter paläomagnetischer Feldrichtung. I. Oberpfalz und Oberfranken. J Geophys 41: 43–61

Todt W, Lippolt HJ (1975b) K-Ar-Altersbestimmungen an Vulkaniten bekannter paläomagnetischer Feldrichtung. II. Sachsen. J Geophys 41: 641–650

Todt W, Lippolt HJ (1980) K-Ar age determinations on Tertiary volcanic rocks. V. Siebengebirge, Siebengebirgsgraben. J Geophys 48: 18–27

Thiersch J, Jähne B (1979) Gas exchange through a rough water surface in a circular wind tunnel; wave characteristics under limited and unlimited fetch, preliminary results. In: Symposium on capillary waves and gas exchange, Trier 2–6.7.1979. DFG Sonderforschungsbereich Meeresforschung Hamburg

Wagner GA (1976) Strahlenschäden zur Datierung von Gesteinen und Artefakten. Endeavour 35: 3–8

Wagner GA, Reimer M (1972) Fission track tectonics: the tectonic interpretation of fission track apatite ages. Earth Planet Sci Lett 14: 263–268

Wagner GA, Miller DS, Jäger E (1979) Fission track ages on apatites of Bergell rocks from Central Alps and Bergell Boulders in oligocene sediments. Earth Planet Sci Lett 45: 355

Wedepohl KH (1978) Der tertiäre basaltische Vulkanismus der Hessischen Senke nördlich des Vogelsbergs. Aufschluß Sonderh 28: 156–167

Weiss W et al. (1979) On the deep-water turnover of Lake Constance. Arch Hydrobiol 86: 405–422

Wimmenauer W (1972) Die Lamprophyre des Schwarzwaldes. Fortschr Mineral 50, Beih 2: 34–37

Wiederkehrende Lehrveranstaltungen in Geophysik an der Universität Heidelberg

2-stündig (z.T. mit Übungen)

Kernphysikalische Grundlagen der Isotopengeologie (T. Kirsten)
Kernprozesse in der Geologie (T. Kirsten)
Physik des Erdinneren (T. Kirsten)
Einführung in die Kosmochemie (T. Kirsten)
Kosmochronologie (T. Kirsten)
Einführung in die isotopische Geochronologie (H. J. Lippolt)
Isotopengeologie II: Radioaktive Isotope (H. J. Lippolt)
Isotopengeologie III: Stabile Isotope (H. J. Lippolt)
Geochemische Grundlagen der Isotopengeologie (H. J. Lippolt)
Physik der Atmosphäre (W. Rödel)
Einführung in die Meereskunde (W. Roether)
Mathematische Behandlung von Transportvorgängen in der Natur (W. Roether)
Mikrometeorologie und Grenzschichten (W. Roether)

1-stündig

Ausgestorbene Radioaktivitäten (T. Kirsten)
Das Massenspektrometer als geowissenschaftliches Forschungsgerät
(H. J. Lippolt)
Stabile Isotope (K. O. Münnich)
Natürliche Radioaktivität (K. O. Münnich)
Isotopenprozesse in der Natur (K. O. Münnich)
Physik der Aerosole (W. Rödel)
Einführung in die Isotopenhydrologie (C. Sonntag)
Hydrometeorologie (C. Sonntag)
Geochemisch-Geophysikalisches Kolloquium der isotopenphysikalisch arbeiten-
den Institute

Adressen der beteiligten Institutionen

Institut für Umweltphysik der Universität Heidelberg
Im Neuenheimer Feld 366, D-6900 Heidelberg
Tel. 06221-56 33 50

Forschungsvorhaben Radiometrische Altersbestimmung von Wasser und Sedimenten, Heidelberger Akademie der Wissenschaften, c/o
Institut für Umweltphysik der Universität Heidelberg

Laboratorium für Geochronologie der Universität Heidelberg
Im Neuenheimer Feld 234, D-6900 Heidelberg
Tel. 06221-56 28 45

Max-Planck-Institut für Kernphysik
Postfach 103 980, D-6900 Heidelberg
Tel. 06221-51 62 88

Sitzungsberichte der Heidelberger Akademie der Wissenschaften
Mathematisch-naturwissenschaftliche Klasse
Erschienene Jahrgänge